U0545563

# 洪錦魁簡介

洪錦魁畢業於明志工專（現今明志科技大學），跳級留學美國 University of Mississippi 計算機系研究所。

2023 年和 2024 年連續 2 年獲選博客來 10 大暢銷華文作家，多年來唯一電腦書籍作者獲選，也是一位跨越電腦作業系統與科技時代的電腦專家，著作等身的作家，下列是他在各時期的代表作品。

- DOS 時代：「IBM PC 組合語言、Basic、C、C++、Pascal、資料結構」。
- Windows 時代：「Windows Programming 使用 C、Visual Basic」。
- Internet 時代：「網頁設計使用 HTML」。
- 大數據時代：「R 語言邁向 Big Data 之路、Python 王者歸來」。
- AI 時代：「機器學習數學、微積分 + Python 實作」、「AI 視覺、AI 之眼」。
- 通用 AI 時代：「ChatGPT、Copilot、無料 AI、AI 職場、AI 行銷、AI 影片、AI 賺錢術」。

作品曾被翻譯為簡體中文、馬來西亞文、英文，近年來作品則是在北京清華大學和台灣深智同步發行。

他的多本著作皆曾登上天瓏、博客來、Momo 電腦書類，不同時期暢銷排行榜第 1 名，他的著作特色是，所有程式語法或是功能解說會依特性分類，同時以實用的程式範例做說明，不賣弄學問，讓整本書淺顯易懂，讀者可以由他的著作事半功倍輕鬆掌握相關知識。

# AI 提示詞
## 打造精準 Prompt 的對話力與創造力

### 序

在生成式人工智慧日益成熟並廣泛融入我們日常生活的今日，如何與 AI 有效對話、引導其生成精準且富有創造力的內容，已成為每個 AI 使用者的重要技能之一。而「提示詞」（Prompt）正是這一切的核心與關鍵。

本書《AI 提示詞-打造精準 Prompt 的對話力與創造力》適時而生，系統性地為讀者提供完整而深入的提示詞設計與運用指導。無論您是初次接觸 AI 的使用者、希望提升工作效率的專業人士，抑或渴望探索創新創意領域的創作者，本書皆能提供明確的指引與豐富的實戰技巧。

書中從提示詞的基礎概念出發，逐步深入介紹提示詞的語法結構、輸出規則、資料處理技巧與實際應用案例。不僅清晰解說提示詞如何有效地引導 AI 輸出理想格式的內容，更涵蓋圖像生成、音樂創作、影片編排等多元的 AI 應用場景，讓讀者在掌握提示詞精髓的同時，也能立即將所學實踐於日常工作與創作。

此外，本書特別關注提示詞設計中的倫理議題與潛在風險，提醒使用者在享受科技便利與創新的同時，也需謹記負責任使用 AI 的重要性，培養健康且安全的 AI 互動習慣。

隨著 AI 技術的迅猛發展，「Prompt Engineer」作為新興職業已逐步站上舞台。本書最後章節也特別展望未來，探討 Prompt Engineer 的職業前景與核心能力，幫助讀者及早掌握先機，迎接 AI 時代職場新挑戰。

相信透過本書的引導，讀者們將能更加自信且具創造性地與 AI 溝通，充分挖掘人工智慧所蘊含的巨大潛力，進而創造出更多令人驚豔的成果與價值。寫過許多的電腦書著作，本書沿襲筆者著作的特色，實例豐富，相信讀者只要遵循本書內容必定可以在最

# 序

短時間精準應用「AI 提示詞」，完美掌握 AI 的核心價值「對話力」與「創造力」。編著本書雖力求完美，但是學經歷不足，謬誤難免，尚祈讀者不吝指正。

洪錦魁 2025 年 6 月 5 日

jiinkwei@me.com

## 讀者資源說明

請至本公司網頁 https://deepwisdom.com.tw，下載本書實例的提示詞檔案。

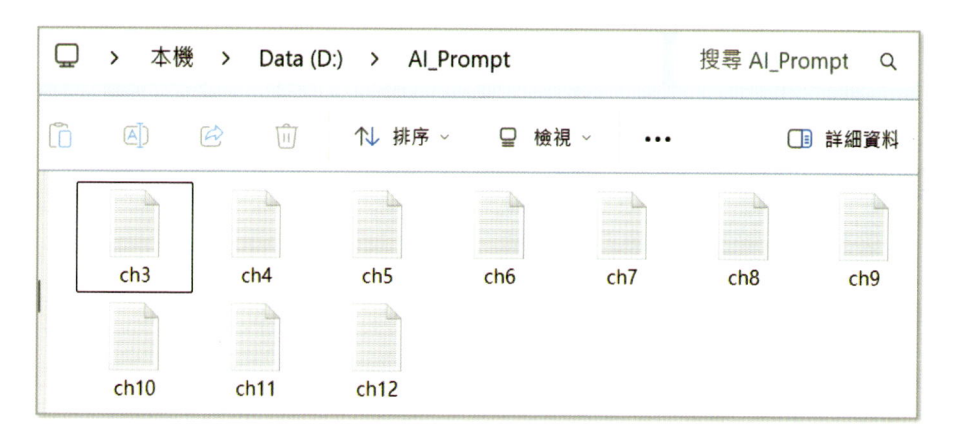

```
本機 > Data (D:) > AI_Prompt
ch3  ch4  ch5  ch6  ch7  ch8  ch9
ch10  ch11  ch12
```

## 臉書粉絲團

歡迎加入：王者歸來電腦專業圖書系列

歡迎加入：iCoding 程式語言讀書會 (Python, Java, C, C++, C#, JavaScript, 大數據, 人工智慧等不限 )，讀者可以不定期獲得本書籍和作者相關訊息。

歡迎加入：MQTT 與 AIoT 整合運用

# 目錄

## 第一篇 掌握提示詞的基礎語言

### 第 1 章 什麼是 Prompt - 引導 AI 的起點

- 1-1 生成式 AI 的原理與特性 .................................................................. 1-2
  - 1-1-1 什麼是「生成式 AI」.................................................................. 1-2
  - 1-1-2 生成式 AI 的運作原理 .............................................................. 1-2
  - 1-1-3 生成式 AI 的四大核心特性 ...................................................... 1-3
  - 1-1-4 與傳統 AI 的差異比較 .............................................................. 1-4
  - 1-1-5 模型如何「懂得語言」.............................................................. 1-5
  - 1-1-6 總結 .......................................................................................... 1-5
- 1-2 Prompt 在 AI 對話中的角色 ............................................................ 1-5
  - 1-2-1 Prompt 是什麼 .......................................................................... 1-5
  - 1-2-2 Prompt 的三大功能角色 .......................................................... 1-5
  - 1-2-3 為什麼 Prompt 會影響輸出 ...................................................... 1-6
  - 1-2-4 總結 .......................................................................................... 1-6
- 1-3 Prompt 與自然語言的差異與轉換 .................................................. 1-7
  - 1-3-1 Prompt 是自然語言嗎？.......................................................... 1-7
  - 1-3-2 差異與對應關係分析 .............................................................. 1-7
  - 1-3-3 錯誤示範 vs 最佳實踐 .............................................................. 1-7
  - 1-3-4 將自然語言轉化為 Prompt 的思維技巧 .................................. 1-8
  - 1-3-5 總結 .......................................................................................... 1-9

### 第 2 章 提示詞的基本結構與設計語法

- 2-1 陳述式、問句、角色扮演的差異 .................................................. 2-2
  - 2-1-1 陳述式（Declarative Prompt）.................................................. 2-2
  - 2-1-2 問句式（Interrogative Prompt）.............................................. 2-2
  - 2-1-3 角色扮演式（Role-based Prompt）........................................ 2-3
  - 2-1-4 對照總結表 .............................................................................. 2-3
  - 2-1-5 總結 .......................................................................................... 2-4
- 2-2 多層指令與任務拆解技巧 .............................................................. 2-4
  - 2-2-1 什麼是多層指令 ...................................................................... 2-4
  - 2-2-2 為什麼要拆解任務 .................................................................. 2-4

# 目錄

| | | | |
|---|---|---|---|
| | 2-2-3 | 設計技巧- 3 種常見拆解方式 | 2-4 |
| | 2-2-4 | 應用場景舉例 | 2-5 |
| | 2-2-5 | 總結 | 2-5 |
| 2-3 | 多語言與語調控制的提示設計 | | 2-6 |
| | 2-3-1 | 多語言提示詞的設計技巧 | 2-6 |
| | 2-3-2 | 語調控制的設計原則 | 2-6 |
| | 2-3-3 | 語調與語言對照範例 | 2-6 |
| | 2-3-4 | 實用小技巧 | 2-7 |
| | 2-3-5 | 跨文化內容設計 | 2-7 |
| | 2-3-6 | 總結 | 2-7 |

## 第二篇　掌控輸出格式 - 高效對話的關鍵技術

### 第 3 章　輸出格式的 Prompt 規則

| | | | |
|---|---|---|---|
| 3-1 | 如何讓 AI 用您指定的格式回應 | | 3-2 |
| | 3-1-1 | 為什麼格式控制很重要？ | 3-2 |
| | 3-1-2 | 常見的格式控制方式 | 3-2 |
| | 3-1-3 | 語法指令補充技巧 | 3-3 |
| | 3-1-4 | 實例應用 | 3-3 |
| | 3-1-5 | 總結 | 3-4 |
| 3-2 | 條列式、Q&A、表格、簡短／詳細輸出控制 | | 3-4 |
| | 3-2-1 | 條列式輸出（List Format） | 3-4 |
| | 3-2-2 | 問與答格式（Q&A） | 3-5 |
| | 3-2-3 | 表格輸出（Table Format） | 3-6 |
| | 3-2-4 | 簡短與詳細輸出控制（Length Control） | 3-8 |
| | 3-2-5 | 小技巧提醒 | 3-8 |
| | 3-2-6 | 總結 | 3-8 |
| 3-3 | 限制字數、加入實例、標示來源的技巧 | | 3-8 |
| | 3-3-1 | 限制字數（Length Limitation） | 3-9 |
| | 3-3-2 | 加入實例（Include Examples） | 3-9 |
| | 3-3-3 | 標示來源（Cite Sources） | 3-11 |
| | 3-3-4 | 實用提醒技巧 | 3-13 |
| | 3-3-5 | 總結 | 3-14 |

### 第 4 章　表格與資料欄位指定技巧

| | | |
|---|---|---|
| 4-1 | 表格欄位自訂（column 命名技巧） | 4-2 |

# 目錄

| | | | |
|---|---|---|---|
| | 4-1-1 | 為何要指定欄位名稱 | 4-2 |
| | 4-1-2 | 欄位命名語法與範例 | 4-2 |
| | 4-1-3 | 實用欄位設計建議 | 4-3 |
| | 4-1-4 | 控制欄位順序與欄位數量 | 4-3 |
| | 4-1-5 | 欄位內容控制範例 | 4-3 |
| | 4-1-6 | 總結 | 4-4 |
| 4-2 | 用 Prompt 控制資料清單的分類與對應格式 | | 4-4 |
| | 4-2-1 | 什麼是分類與對應格式控制 | 4-5 |
| | 4-2-2 | 常見分類維度與範例 | 4-5 |
| | 4-2-3 | Prompt 設計語法與技巧 | 4-5 |
| | 4-2-4 | 進階技巧- 分類 + 欄位對應 | 4-6 |
| | 4-2-5 | 總結 | 4-7 |
| 4-3 | 進階範例- 三欄比較表、時間軸整理表 | | 4-7 |
| | 4-3-1 | 三欄比較表的用途與設計技巧 | 4-7 |
| | 4-3-2 | 時間軸整理表的應用與設計技巧 | 4-8 |
| | 4-3-3 | 延伸應用建議 | 4-9 |
| | 4-3-4 | 總結 | 4-10 |

## 第 5 章　Prompt 輸出格式實戰演練

| | | | |
|---|---|---|---|
| 5-1 | 轉換同一主題為不同格式的範例演練 | | 5-2 |
| | 5-1-1 | 同一主題的多格式輸出策略 | 5-2 |
| | 5-1-2 | 格式輸出優點與適用時機 | 5-4 |
| | 5-1-3 | 總結 | 5-5 |
| 5-2 | 不同語調下的輸出變化（專業、幽默、口語） | | 5-5 |
| | 5-2-1 | 語調控制的基本語法 | 5-5 |
| | 5-2-2 | 語調提示詞實例 | 5-5 |
| | 5-2-3 | 語調選擇的實用對照 | 5-6 |
| | 5-2-4 | 語調混合技巧 | 5-6 |
| | 5-2-5 | 總結 | 5-7 |
| 5-3 | 表格 vs 條列 vs 段落的適用情境比較 | | 5-7 |
| | 5-3-1 | 三種格式的特性總覽 | 5-7 |
| | 5-3-2 | 以相同主題示範三種格式 | 5-7 |
| | 5-3-3 | 適用情境建議 | 5-9 |
| | 5-3-4 | 小技巧- 根據輸出目的選擇格式 | 5-9 |
| | 5-3-5 | 總結 | 5-10 |

## 第三篇　AI Prompt 的應用場景與產出控制

### 第 6 章　ChatGPT 應用技巧與內容生成提示詞設計

- 6-1 文案撰寫、摘要重整、信件產生 .................................................. 6-2
  - 6-1-1 文案撰寫- 吸引力與語調控制的結合 ................................. 6-2
  - 6-1-2 摘要重整- 條理分明、刪繁就簡 ....................................... 6-3
  - 6-1-3 信件產生- 格式正確與語調精準是關鍵 ............................ 6-6
  - 6-1-4 小技巧整合表 ................................................................. 6-8
  - 6-1-5 總結 ............................................................................... 6-8
- 6-2 限制字數、語句結構與段落分佈的控制技巧 .............................. 6-8
  - 6-2-1 限制字數- 提升精準與可控性 .......................................... 6-9
  - 6-2-2 控制語句結構- 避免冗長與混亂 .................................... 6-10
  - 6-2-3 段落分佈控制- 讓內容更有節奏與結構 ......................... 6-12
  - 6-2-4 實用技巧整理 ............................................................... 6-14
  - 6-2-5 總結 ............................................................................. 6-14
- 6-3 系統訊息與語境設計（system prompt）................................. 6-14
  - 6-3-1 什麼是系統訊息（System Prompt）............................. 6-15
  - 6-3-2 常見系統訊息範例 ........................................................ 6-15
  - 6-3-3 實際應用示範 ............................................................... 6-15
  - 6-3-4 系統訊息的應用建議 .................................................... 6-17
  - 6-3-5 總結 ............................................................................. 6-17

### 第 7 章　AI 創意內容的提示詞應用

- 7-1 創作故事、詩詞、小說與腳本 ..................................................... 7-2
  - 7-1-1 故事創作- 從概念到情節展開 .......................................... 7-2
  - 7-1-2 詩詞創作- 情感濃縮與語境營造 ....................................... 7-5
  - 7-1-3 小說創作- 多段敘事與人物建構 ....................................... 7-6
  - 7-1-4 腳本創作- 對話、分鏡與場景安排 ................................... 7-8
  - 7-1-5 總結 ............................................................................. 7-11
- 7-2 撰寫部落格與行銷文案 ............................................................. 7-11
  - 7-2-1 部落格文章撰寫- 結構完整、語氣清晰 ......................... 7-11
  - 7-2-2 行銷文案撰寫- 聚焦賣點、語氣誘人 ............................. 7-14
  - 7-2-3 部落格與行銷文案的差異對照 ...................................... 7-15
  - 7-2-4 CTA（Call-to-Action）指令設計範本 .......................... 7-15
  - 7-2-5 EDM（電子報行銷）指令設計範本 .............................. 7-17

## 目錄

| | | | |
|---|---|---|---|
| | 7-2-6 | 總結 | 7-18 |
| 7-3 | 設計社群貼文與廣告提示詞 | | 7-19 |
| | 7-3-1 | 社群貼文設計- 短字數、高互動、抓情緒 | 7-19 |
| | 7-3-2 | 廣告提示詞設計- 聚焦賣點與行動力 | 7-20 |
| | 7-3-3 | 貼文與廣告的語調風格參考表 | 7-22 |
| | 7-3-4 | 總結 | 7-22 |

### 第 8 章　商業與辦公應用的 Prompt 實戰技巧

| | | | |
|---|---|---|---|
| 8-1 | 進行商業分析與簡報摘要整理 | | 8-2 |
| | 8-1-1 | 認識 SWOT、PEST 和 AIDA | 8-2 |
| | 8-1-2 | 商業分析應用- 提煉重點、建構結構 | 8-4 |
| | 8-1-3 | 簡報摘要整理- 壓縮篇幅、提升重點清晰度 | 8-7 |
| | 8-1-4 | 應用延伸- 使用表格呈現分析結果 | 8-9 |
| | 8-1-5 | 總結 | 8-10 |
| 8-2 | 撰寫合約條文與報告初稿 | | 8-10 |
| | 8-2-1 | 合約條文撰寫- 格式正式、語句明確 | 8-10 |
| | 8-2-2 | 報告初稿撰寫- 快速建立架構與重點內容 | 8-14 |
| | 8-2-3 | 小技巧建議表 | 8-16 |
| | 8-2-4 | 總結 | 8-17 |
| 8-3 | 生成電子郵件與會議記錄內容 | | 8-17 |
| | 8-3-1 | 電子郵件產出- 語氣精準、結構清楚 | 8-17 |
| | 8-3-2 | 會議記錄整理- 濃縮資訊、條理分明 | 8-20 |
| | 8-3-3 | 總結 | 8-22 |

## 第四篇　圖像、音樂與影片的多模態提示詞

### 第 9 章　圖像生成的提示詞設計

| | | | |
|---|---|---|---|
| 9-1 | 圖像提示詞的基本結構解析 | | 9-2 |
| | 9-1-1 | 主體描述- 物品、人物、場景、構圖角度與圖像大小 | 9-2 |
| | 9-1-2 | 風格設定- 插畫風、寫實、超現實、動漫、像素風等 | 9-7 |
| | 9-1-3 | 背景設計- 城市、森林、抽象圖樣等 | 9-12 |
| | 9-1-4 | 色調語法- 明亮／陰暗／單色／高對比 | 9-15 |
| | 9-1-5 | 細節控制- 視覺焦點、材質、構圖比例、景深等 | 9-19 |
| 9-2 | 圖像風格的應用與轉換技巧 | | 9-22 |
| | 9-2-1 | 插畫風／漫畫風／水彩風／油畫風／攝影風格語法設計 | 9-23 |

| | | |
|---|---|---|
| 9-2-2 | 「參考藝術家」語法設計 | 9-27 |
| 9-2-3 | 商業風格一致性提示詞技巧 | 9-31 |
| 9-2-4 | 同一主題多風格轉換實例 | 9-35 |

## 9-3 圖像生成的商業應用場景

| | | |
|---|---|---|
| 9-3-1 | 商品情境圖設計提示詞 | 9-38 |
| 9-3-2 | 書籍封面／簡報插圖／電商素材設計範本 | 9-41 |
| 9-3-3 | 角色形象草圖（遊戲／品牌人物） | 9-44 |
| 9-3-4 | 多圖一致性提示詞技巧（如色系、構圖統一） | 9-48 |

## 9-4 多語提示詞與關鍵詞選用技巧

| | | |
|---|---|---|
| 9-4-1 | 中 → 英提示詞轉換原則 | 9-51 |
| 9-4-2 | 常用圖像關鍵字列表（色彩／角度／風格／動作） | 9-53 |
| 9-4-3 | 提示詞簡化與優化技巧 | 9-55 |

# 第 10 章　音樂與歌曲提示詞應用

## 10-1 音樂提示詞的基本結構與語法

| | | |
|---|---|---|
| 10-1-1 | 基本結構- 音樂類型 + 情緒 + 節奏 + 樂器 + 用途 | 10-2 |
| 10-1-2 | 常用音樂形容詞與風格對照表 | 10-5 |
| 10-1-3 | 類型範圍- 古典／流行／電子／Lo-fi／實驗音樂等 | 10-7 |
| 10-1-4 | 長度與段落控制 | 10-8 |

## 10-2 情境應用型提示詞實例

| | | |
|---|---|---|
| 10-2-1 | 社群影片背景音樂提示詞設計 | 10-10 |
| 10-2-2 | 課程教學、簡報、Podcast 音效範本 | 10-12 |
| 10-2-3 | 品牌主題曲／電商品牌音標語提示詞 | 10-13 |
| 10-2-4 | 短影音平台的節奏設計 | 10-15 |

## 10-3 風格、節奏與樂器的組合提示詞技巧

| | | |
|---|---|---|
| 10-3-1 | 不同風格 × 樂器 × 情緒對照範例表 | 10-17 |
| 10-3-2 | 提示詞語句設計技巧- 一段節奏輕快的原聲吉他旋律 | 10-19 |
| 10-3-3 | 避免過度模糊與重複形容詞 | 10-21 |
| 10-3-4 | 控制節奏與斷句感 | 10-22 |

## 10-4 歌曲創作提示詞設計（旋律 歌詞 風格）

| | | |
|---|---|---|
| 10-4-1 | 歌曲旋律線提示詞設計- 副歌、重點句與段落節奏 | 10-25 |
| 10-4-2 | 歌詞主題與語氣設定- 從故事性到情緒色彩的語句設計 | 10-27 |
| 10-4-3 | 風格與演唱方式提示- 從流行到爵士的聲音語言設計 | 10-29 |
| 10-4-4 | 實用歌曲提示詞範例- 品牌主題曲／情感歌曲／短影音主打歌 | 10-31 |

# 目錄

## 第 11 章　AI 影片生成與編排 - 提示詞實戰

11-1　影片提示詞的設計結構與語法 ........................................................ 11-2
　　11-1-1　提示詞語法基本結構- 主體＋動作＋場景＋架構＋情緒 ............ 11-2
　　11-1-2　常用場景類型描述語句（城市／森林／教室／虛構世界）......... 11-6
　　11-1-3　常見動作提示詞- 行走、轉身、擺手、奔跑、跳舞等 ................ 11-8
　　11-1-4　控制鏡頭視角與構圖- 遠景／特寫／仰視／穩定運鏡等 .......... 11-11
　　11-1-5　節奏與時間長度語句- 10 秒段落／連續動作／畫面轉場等 ..... 11-13

11-2　影片腳本格式與提示詞撰寫技巧 .................................................... 11-15
　　11-2-1　短篇腳本格式- 場景敘述／角色動作／鏡頭安排 ..................... 11-16
　　11-2-2　單段影片提示詞的結構強化技巧- 聚焦一致性與敘事完整性 .... 11-19

## 第五篇　進階提示工程師的策略與未來趨勢

### 第 12 章　提示詞調整與多輪優化技巧

12-1　如何迭代與微調 Prompt ............................................................... 12-2
　　12-1-1　為什麼 Prompt 需要迭代與微調 ............................................ 12-2
　　12-1-2　微調 Prompt 的三個階段 ...................................................... 12-2
　　12-1-3　實務例子- 逐步調整一組提示詞 ............................................. 12-3
　　12-1-4　提示詞微調流程建議（五步法）............................................. 12-4
　　12-1-5　常見失敗提示詞 × 修正語句對照表 ........................................ 12-4
　　12-1-6　總結 .................................................................................... 12-5

12-2　避免模糊輸出與過度解釋的技巧 .................................................... 12-5
　　12-2-1　為什麼提示詞常出現模糊或冗贅 ............................................ 12-5
　　12-2-2　三種常見錯誤類型與修正方法 ................................................ 12-5
　　12-2-3　提示詞優化實例（前後對照）................................................. 12-6
　　12-2-4　提示詞簡化與聚焦的公式參考 ................................................ 12-7
　　12-2-5　總結 .................................................................................... 12-7

12-3　多輪對話中的上下文管理 .............................................................. 12-7
　　12-3-1　為什麼上下文會斷裂 ............................................................. 12-7
　　12-3-2　三種常見上下文問題與處理技巧 ............................................. 12-8
　　12-3-3　提示詞優化實例（前後對照）................................................. 12-9
　　12-3-4　通用提示語句模板 ................................................................. 12-9
　　12-3-5　總結 .................................................................................... 12-9

# 第 13 章　提示語設計的倫理與風險意識

## 13-1　AI 偏誤與輸出誤導的警示 ............................................................ 13-2
- 13-1-1　為什麼要注意 AI 偏誤與誤導 ................................................. 13-2
- 13-1-2　常見偏誤與誤導情境的實例 ................................................... 13-2
- 13-1-3　提示詞撰寫中可用的「防偏誤語句」................................... 13-3
- 13-1-4　用戶提示詞責任提醒 ............................................................... 13-3
- 13-1-5　總結 ........................................................................................... 13-4

## 13-2　如何要求引用來源與資料透明度 .................................................... 13-4
- 13-2-1　為什麼資料來源與透明度很重要 ........................................... 13-4
- 13-2-2　如何設計提示詞來要求「來源」與「資料透明」............... 13-5
- 13-2-3　正反實例 - 來源透明與虛構對比 ............................................. 13-5
- 13-2-4　用戶的資料判斷責任提醒 ....................................................... 13-6
- 13-2-5　總結 ........................................................................................... 13-6

## 13-3　與 AI 協作的責任界線 ....................................................................... 13-6
- 13-3-1　為什麼需要思考「人與 AI 的責任界線」........................... 13-6
- 13-3-2　三個「責任界線」重點觀念 ................................................... 13-7
- 13-3-3　責任分界整理表 ....................................................................... 13-8
- 13-3-4　總結 ........................................................................................... 13-8

# 第 14 章　未來職能 - Prompt Engineer 的崛起

## 14-1　Prompt Engineer 的職責與產業需求 ............................................... 14-2
- 14-1-1　什麼是 Prompt Engineer .......................................................... 14-2
- 14-1-2　Prompt Engineer 的核心職責 .................................................. 14-2
- 14-1-3　哪些產業在招募 Prompt Engineer .......................................... 14-3
- 14-1-4　產業需求成長趨勢 ................................................................... 14-3
- 14-1-5　成為 Prompt Engineer 需要具備哪些能力 ............................. 14-3
- 14-1-6　總結 ........................................................................................... 14-3

## 14-2　真實企業應用案例介紹 .................................................................... 14-4
- 14-2-1　企業案例 ................................................................................... 14-4
- 14-2-2　總結 ........................................................................................... 14-5

## 14-3　如何成為下一代 AI 溝通設計師 ...................................................... 14-5
- 14-3-1　什麼是 AI 溝通設計師 ............................................................. 14-6
- 14-3-2　成為 AI 提示設計者的 5 個實戰步驟 ..................................... 14-6
- 14-3-3　總結 - 從使用者 → 設計師 → 專業者 ................................... 14-7

# 第一篇
## 掌握提示詞的基礎語言

第 1 章：什麼是 Prompt - 引導 AI 的起點
第 2 章：提示詞的基本結構與設計語法

# 第 1 章
# 什麼是 Prompt
# 引導 AI 的起點

1-1　生成式 AI 的原理與特性

1-2　Prompt 在 AI 對話中的角色

1-3　Prompt 與自然語言的差異與轉換

# 第 1 章　什麼是 Prompt - 引導 AI 的起點

在生成式 AI 時代，與人工智慧互動的方式不再是複雜的程式語言，而是人人都會使用的自然語言。但想讓 AI 真正「聽得懂」我們的意圖，關鍵就在於如何撰寫有效的 Prompt。Prompt 不僅是你對 AI 發出的指令，更是驅動 AI 產出內容的起點。寫得清楚，AI 回應精準；寫得模糊，結果就難以掌控。本章將從生成式 AI 的運作原理開始，逐步說明 Prompt 的角色與設計思維，幫助你建立正確的觀念，為後續的實作與應用打下堅實的基礎。Prompt 不只是語句，它是 AI 溝通時代最關鍵的語言設計。

## 1-1　生成式 AI 的原理與特性

生成式 AI 是近年最受曙目的人工智慧應用之一，它不僅能理解語言，更能根據使用者輸入主動產生文字、圖像、音樂甚至程式碼。想要掌握與 AI 溝通的關鍵，首先必須理解它背後的運作邏輯與技術基礎。本節將深入解析生成式 AI 的核心原理與四大特性，幫助讀者從根本認識它的強大之處，為後續的 Prompt 設計打下紮實基礎。

### 1-1-1　什麼是「生成式 AI」

生成式 AI（Generative AI）是一種能夠主動產出內容的人工智慧，與傳統 AI 強調「識別」與「分類」不同，它的重點在於創造全新資料。這些資料可涵蓋各種媒體型態，包括：

- 文字（如文章、故事、詩）
- 圖像（如插畫、設計圖）
- 音樂（如旋律、伴奏）
- 程式碼（如 Python、HTML）
- 影片（如動畫、模擬對話）

### 1-1-2　生成式 AI 的運作原理

生成式 AI 主要依賴「大型語言模型」（Large Language Model，簡稱 LLM），例如 OpenAI 的 GPT 系列。這些模型用一種稱為 Transformer 的深度學習架構，透過訓練學會語言模式。

其運作原理包含以下三個步驟：

- 語料訓練（Pretraining）：模型從海量資料（如維基百科、網頁文章、書籍、對話紀錄等）中學習語言結構、語意關聯與世界知識。
- 預測生成（Token Prediction）：每當使用者輸入 Prompt，模型會依照上下文進行機率推算，逐字生成最有可能的下一個詞或句子。
- 回應構成（Autoregressive Generation）：模型以迴歸方式一步步建構整段內容，直到完成自然語言、圖像描述或其他任務結果。

語料訓練階段由開發者負責，讀者無需參與，但我們可以透過下列流程圖，快速了解 AI 回應生成的整體過程：

用戶輸入 Prompt ➡ 語意理解 ➡ 連貫生成整段輸出

## 1-1-3　生成式 AI 的四大核心特性

生成式 AI 的強大能力並非偶然，它之所以能與使用者進行流暢互動、創造多樣化內容，來自於其背後幾項關鍵特性。理解這些特性，能幫助我們更有策略地設計提示詞（Prompt），進而引導 AI 產生更符合預期、甚至超出期待的回應。以下，我們將說明生成式 AI 的四大核心特性，作為深入學習提示設計之前的基礎認識。

- 語意理解能力：能理解上下文語意，並產出語法正確、語意通順的語句。
- 創造性：能延伸主題、自我組織內容，甚至模仿不同寫作風格與語調。
- 語境適應性：可依提示內容調整輸出邏輯，如語調、格式、專業程度。
- 通用任務能力：可應用於問答、摘要、翻譯、寫作、程式設計、報表分析、圖像描述等多種任務。

下列是同一主題，但是不同任務的表。

| 任務類型 | Prompt 示範 | 生成式 AI 輸出範例 |
| --- | --- | --- |
| 說明性任務 | 「請解釋什麼是生成式 AI」 | 一段清楚的概念說明 |
| 創意任務 | 「幫我寫一首關於 AI 的詩」 | 四行押韻詩句 |
| 結構化任務 | 「請列出生成式 AI 的 3 個優點」 | 條列項目（清晰編號） |
| 技術任務 | 「寫出一段 Python 程式計算 BMI」 | 正確語法的程式碼 |
| 圖像任務 | 「請畫一隻穿太空服的貓」 | 使用 DALL-E 產生該圖像（透過圖像生成模型） |

## ❑ 為何是「同一主題」

上表 5 個 Prompt 雖然輸出類型不同，但它們都圍繞著一個共同主題核心：「生成式 AI 的能力展示」。這些提示詞本質上都是在探索或運用 AI 的生成能力，只是換了不同的形式：

- 說明「什麼是生成式 AI」
- 利用 AI 來寫詩（展現語言創作力）
- 條列出優點（結構化邏輯）
- 編寫程式（任務導向生成）
- 畫圖（跨模態創作）

因此，它們從本質上都屬於探討 AI 或運用 AI 這個主題範疇。

## ❑ 為何是「不同生成任務」

雖然主題一致，但每個 Prompt 對 AI 的要求屬於不同任務類型：

| 類型 | 特性 | AI 對應生成方式 |
| --- | --- | --- |
| 說明性任務 | 理解與表達 | 自然語言敘述 |
| 創意任務 | 想像與語言風格 | 押韻、形象、情感語調 |
| 結構化任務 | 條列、邏輯結構 | 條列、標號、清單化回應 |
| 技術任務 | 程式語言理解與應用 | 程式碼產出、語法正確 |
| 圖像任務 | 圖像風格理解與生成 | 多模態圖像輸出（如 DALL-E） |

上述分類方式常見於提示工程（Prompt Engineering）或多任務模型設計中，讓使用者理解：「Prompt 不只是內容指令，更是任務指令」。

## 1-1-4 與傳統 AI 的差異比較

為了更清楚了解生成式 AI 的特性，我們可以將它與傳統 AI 做一比較。以下從任務目標、輸入/輸出、技術架構與運作方式等面向，說明兩者的根本差異：

| 項目 | 傳統 AI | 生成式 AI |
| --- | --- | --- |
| 主要任務 | 辨識、分類、預測 | 產生文字、圖像、音樂、程式等 |
| 輸入/輸出 | 輸入數據，回傳標籤（如是狗/貓） | 輸入提示詞，回傳創造性內容 |
| 技術架構 | 機器學習、決策樹、SVM 等 | Transformer 架構的大型語言模型（LLM） |
| 運作方式 | 規則導向 | 機率導向，逐字預測 |

## 1-1-5 模型如何「懂得語言」

生成式 AI 並不真正「理解」人類語言，它的回應是用統計預測，根據詞語在大量語料中的共現關係來預測最可能的輸出。因此它並不是擁有主觀意識的智慧體，而是一個極其複雜且高度語言化的模式預測器。

## 1-1-6 總結

- 生成式 AI 能根據語言提示自動創作內容，是目前 AI 發展的主流。
- 它運作方式以「語言預測」為核心，背後是訓練自海量語料的大型語言模型。
- 與傳統 AI 相比，它不只是理解世界，更會「想像世界」。
- 想讓它發揮最大價值，Prompt 就是你與它溝通的「鑰匙」。

# 1-2 Prompt 在 AI 對話中的角色

與生成式 AI 溝通的關鍵，不在於你會寫程式，而在於你會寫 Prompt。Prompt 就像是使用者對 AI 下達的任務說明書，它不僅告訴 AI 要做什麼，還能設定角色、語調與輸出格式，影響最終結果的品質與精準度。本節將介紹 Prompt 在 AI 對話中的三大功能角色，並透過具體範例說明如何善用這項「語言橋梁」，有效引導 AI 為你完成各式任務。

## 1-2-1 Prompt 是什麼

在與生成式 AI 的互動過程中，「Prompt」是使用者輸入的一段指令、描述或問題，用來引導 AI 模型進行內容生成或任務執行。簡單來說，Prompt 就是人類與 AI 之間的溝通語言。它可以是：

- 一個問題：「什麼是生成式 AI？」
- 一個任務：「請幫我寫一封求職信」
- 一個角色設計：「假設你是歷史學家，請解釋古羅馬文化」
- 一個格式規定：「請用條列式列出 ChatGPT 的應用方式」

## 1-2-2 Prompt 的三大功能角色

為了讓 AI 回應更精準、貼近需求，Prompt 通常扮演三種關鍵角色。以下將從任務啟動、語境建構與輸出控制三方面，說明各類 Prompt 的設計重點與範例

第 1 章　什麼是 Prompt - 引導 AI 的起點

| 功能角色 | 說明 | 範例 Prompt |
|---|---|---|
| 任務啟動器 | 定義 AI 要執行的任務，例如解釋、翻譯、總結、寫詩等 | 「請將以下內容翻譯成英文」 |
| 語境建構者 | 提供背景、角色、情境，讓 AI 更貼近使用者的需求與語調 | 「請以專業律師的身份，分析以下案例」 |
| 輸出格式控制器 | 指定回應的格式、語調、字數、欄位等細節，讓輸出結果更符合實務需求 | 「請用表格列出三項優點」、「請用 Q&A 形式回答以下問題」 |

## 1-2-3　為什麼 Prompt 會影響輸出

生成式 AI 模型的本質是根據輸入內容，進行「語言預測與生成」。因此：

- Prompt 越清楚明確：AI 輸出越貼近預期
- Prompt 越含糊模糊：AI 輸出可能不完整或偏離主題
- Prompt 具邏輯結構：AI 輸出越容易組織與理解

這就像與人對話，你問得精準，對方才能答得對題。

實例比較：Prompt 不同，輸出截然不同，可參考下表。

| Prompt 版本 | AI 回應樣貌 |
|---|---|
| 「寫一篇關於 AI 的文章」 | 主題不明確，內容範圍過廣、組織鬆散 |
| 「請寫一篇介紹生成式 AI 優點的文章」 | 內容聚焦，但仍可能語調不一致 |
| 「請用第三人稱、條列三點優點、約 100 字內撰寫 AI 文章」 | 精確控制語調、篇幅與結構，輸出明確有品質 |

筆者使用結論：「好的 Prompt」等於「AI 輸出的品質保證」。

## 1-2-4　總結

- Prompt 是 AI 理解任務的起點，屬於語言與任務設計的交叉點。
- 一個好的 Prompt 必須包含任務、語境與格式三元素。
- 學會撰寫高品質的 Prompt，不僅能提高生成內容品質，也是學習生成式 AI 的第一步。

# 1-3 Prompt 與自然語言的差異與轉換

雖然 Prompt 是用自然語言撰寫，但它與我們日常的溝通方式有著本質上的差異。一般對話容許模糊與情感，而 Prompt 則要求清楚、具體與任務導向。本節將深入比較兩者在語意、語境、輸出邏輯等面向的不同，並透過實例說明如何將模糊的語句轉化為 AI 能理解並準確回應的高品質 Prompt，是學習提示設計的重要關鍵。

## 1-3-1 Prompt 是自然語言嗎？

Prompt 使用的是自然語言（Natural Language）來撰寫，但其目的與用法與日常對話有根本性的不同。

自然語言是人類用來彼此交流的工具，帶有情感、模糊性與高度語境依賴。而 Prompt 則是一種針對 AI 設計的「任務導向語言」，要求使用者以更明確、結構化的方式傳達意圖，目的是讓 AI 能精準理解並產生對應輸出。

## 1-3-2 差異與對應關係分析

為了更清楚掌握 Prompt 與一般自然語言的不同之處，以下從目的、語意、語境與輸出邏輯等層面進行對照分析，協助讀者建立正確的設計思維

| 比較項目 | 自然語言（人與人） | Prompt（人與 AI） |
| --- | --- | --- |
| 目的 | 情感交流、日常溝通 | 任務指令、精準產出 |
| 語意容許範圍 | 可模糊、隱喻、非邏輯式 | 需明確、具體、易於解析 |
| 語境依賴性 | 高度依賴共同背景與情境 | 需在語句中明確提供背景與角色 |
| 理解對象 | 人類（具推理與常識） | AI 模型（以統計與語料推測回應） |
| 輸出目標 | 多樣、自由、有時不確定 | 一致、具體、符合結構與目標 |

## 1-3-3 錯誤示範 vs 最佳實踐

為了幫助讀者理解 Prompt 撰寫的好壞差異，以下列出常見錯誤與優化範例，對照不同提示詞的表現效果，有助於掌握實用寫法與避免誤區

第 1 章　什麼是 Prompt - 引導 AI 的起點

| 類型 | Prompt 示範 | 結果評價 |
|---|---|---|
| 過於簡略 | 「幫我寫點東西」 | 模糊、主題不清 |
| 過度模糊 | 「請寫得有感覺一點」 | 難以精準掌握語調或長度 |
| 明確指令 | 「請用第一人稱，撰寫一篇 100 字內的旅遊心得，語調輕鬆」 | 結構完整、語調貼切 |
| 結構控制 | 「請列出三個 AI 在行銷應用的優點，並用數字條列格式」 | 條列明確，易於閱讀 |

總之 Prompt 雖是自然語言形式，但需結合「任務導向」與「輸出控制」思維，才是高效的提示詞。

## 1-3-4　將自然語言轉化為 Prompt 的思維技巧

若想將日常語言變成有效 Prompt，可遵循以下三步：

- 明確任務：要 AI 做什麼？（寫、解釋、分析、比較 ...）。
- 提供背景：角色是誰？使用者想得到什麼樣的輸出？
- 指定格式：是否要條列？是否限定字數？是否需要範例或表格？

**實例 1：**

原句：「你可以幫我寫個關於 AI 的東西嗎？」

轉化為有效 Prompt：「請用 200 字說明生成式 AI 的應用領域，請條列至少三個實際案例。」

**實例 2：**

原句：「幫我翻譯一下這段文字。」

轉化為有效 Prompt：「請將下列內容翻譯為繁體中文，並保留原文專有名詞格式。」

**實例 3：**

原句：「給我一個有趣的標題。」

轉化為有效 Prompt：「請為一篇關於「AI 改變教育未來」的部落格文章，設計 3 個具吸引力的標題，限 15 字內。」

**實例 4：**

原句:「幫我寫一段廣告文案。」

轉化為有效 Prompt：「請以俏皮活潑的語調,撰寫一段 50 字內的氣泡水飲料 Instagram 廣告文案。」

**實例 5：**

原句:「幫我解釋這段 Python 程式碼。」

轉化為有效 Prompt：「請逐行解釋下列 Python 程式碼的功能,語調簡明易懂,適合初學者閱讀。」

**實例 6：**

原句:「可以幫我規劃一點學習的東西嗎?」

轉化為有效 Prompt：「請規劃一份為期 5 天的 AI Prompt 練習計畫,每日包含主題、目標與一項練習任務,格式請用表格。」

上述實例展示了如何從模糊語意的自然語言轉化成具有明確任務、清楚語調與格式要求的高品質 Prompt,讓 AI 更容易理解並產出符合期待的內容

## 1-3-5　總結

- Prompt 雖以自然語言撰寫,但其本質是結構清晰的任務指令。
- 與自然語言的差異在於目的更明確、語意更具體、容錯空間較小。
- 學會從模糊的語意中抽取出結構與需求,是提升 Prompt 設計能力的關鍵。

# 第 1 章　什麼是 Prompt - 引導 AI 的起點

# 第 2 章
# 提示詞的基本結構與設計語法

2-1　陳述式、問句、角色扮演的差異

2-2　多層指令與任務拆解技巧

2-3　多語言與語調控制的提示設計

第 2 章　提示詞的基本結構與設計語法

　　撰寫 Prompt 看似只是一段文字輸入，但其背後其實蘊含語言結構與邏輯設計的技術。優秀的提示詞，往往不是一句話就能完成，而是結合語調、任務說明、格式控制與多層次引導所構成的語言策略。本章將深入解析提示詞的三種基本句型、任務拆解技巧、多語言與語調控制方法，讓讀者從語句層面建立設計思維，並透過實例掌握高效輸出的核心結構。唯有理解 Prompt 的組成規則，才能真正駕馭 AI 回應的方向與品質。

## 2-1　陳述式、問句、角色扮演的差異

　　在撰寫 Prompt 時，語句的表達方式會直接影響 AI 的理解與回應結果。常見的提示詞類型可分為「陳述式」、「問句」與「角色扮演」三種。這些形式看似相近，實則各有用途與優勢。本節將逐一說明三者的語調結構、應用場景與實例，幫助你根據需求選擇最適合的提示詞型式，讓 AI 回應更貼近預期。

### 2-1-1　陳述式（Declarative Prompt）

　　以直接描述的方式下達任務，不帶疑問語調。常用於要求 AI 執行一項明確任務或提供特定資訊。

- 特點
  - 明確、直接、簡潔。
  - 適合用於單向輸出任務（如摘要、撰寫、翻譯）。
- 範例
  - 「請撰寫一篇 200 字的 AI 技術發展介紹。」
  - 「請將下列文字翻譯為英文。」
- 適用情境
  - 文章撰寫、資料整理、格式轉換、摘要、報告產出等。

### 2-1-2　問句式（Interrogative Prompt）

　　以疑問形式提出問題，引導 AI 進行分析、說明或建議。適合用於對話性、探討性任務。

- 特點
    - 強調互動、探索與推理。
    - 適合問題導向學習、知識查詢與多角度思考。
- 範例
    - 「生成式 AI 的優點有哪些？」
    - 「為什麼大型語言模型會產生偏誤？」
- 適用情境
    - 教育用途、FAQ、生產建議、邏輯推理與技術問答等。

## 2-1-3　角色扮演式（Role-based Prompt）

賦予 AI 一個特定身份、角色或背景，再進行任務指令。可調整語調、觀點與專業程度，提升回應的情境貼近度。

- 特點
    - 增加語調控制與內容精準度
    - 提升使用者沉浸感與實務應用能力
- 範例
    - 「假設你是一位產品經理，請撰寫一封提案簡報的開場白。」
    - 「請以行銷顧問的角度，分析以下策略的優劣。」
- 適用情境
    - 模擬面試、專業角色建議、商業簡報、法律／醫療／教育領域應用。

## 2-1-4　對照總結表

為了更清楚區分三種提示詞型式的用途與特性，以下彙整一張簡明對照表，幫助讀者快速掌握各類 Prompt 的語調風格、設計目的與適用任務情境。

| 類型 | 語調形式 | 目的 |
| --- | --- | --- |
| 陳述式 | 直接敘述 | 下達明確指令、要求完成任務 |
| 問句式 | 疑問語調 | 提出問題，引導推理或回應分析 |
| 角色扮演式 | 模擬情境語調 | 轉換視角、提升專業性與語調精準度 |

## 2-1-5 總結

- 選擇合適的提示詞類型，是設計有效 Prompt 的第一步。
- 陳述式適合任務明確者，問句式適合需要 AI 回應判斷問題，角色扮演則能讓 AI 更貼近專業需求或情境風格。
- 善用這三種語法形式的搭配與切換，能讓 AI 的生成更精準、更有深度。

## 2-2 多層指令與任務拆解技巧

在面對較複雜的任務時，單一句 Prompt 常常無法讓 AI 精準理解需求。此時，我們可透過「多層指令」與「任務拆解」的方式，將一個大目標分成幾個小步驟，引導 AI 按順序處理內容。這種結構化的提示詞設計，不僅能提升回應品質與邏輯性，也有助於建立穩定可複製的生成流程。以下將說明這項技巧的原理、設計方式與實用範例。

### 2-2-1 什麼是多層指令

多層指令（Multi-step Prompting）是指將一個複雜任務，拆解為幾個邏輯步驟，逐層引導 AI 完成。透過條列、先後順序提示、甚至逐輪回合式互動，可提升生成內容的清晰度與結構性。

### 2-2-2 為什麼要拆解任務

| 常見問題 | 拆解的幫助 |
| --- | --- |
| 任務過大，AI 回答混亂 | 拆成多步驟，引導聚焦每個子任務 |
| 回應內容雜亂，缺乏邏輯 | 每層任務專注一個重點，邏輯清晰 |
| 難以控制格式或細節 | 可針對每層指定格式、字數、語調等規則 |

### 2-2-3 設計技巧 - 3 種常見拆解方式

☐ **方法 1：條列式步驟拆解**

將任務以 1、2、3 的順序列出，引導 AI 按順序執行。

- 範例：請依下列步驟完成任務：

1. 解釋什麼是生成式 AI。
2. 舉出三個應用領域。
3. 總結其未來挑戰。

❑ **方法 2：多階段提示詞（多段連續 Prompt）**

可先請 AI 完成第一階段，再依據結果接續下階段。

- 範例：
1. Prompt：「請幫我列出三個 AI 在醫療的應用。」
2. Prompt：「針對你剛才提到的第三項，請詳細說明其優點與挑戰。」

❑ **方法 3：嵌入式結構拆解（在一個 Prompt 中整合子任務）**

在一個句子中設計多個子任務，使用明確條件與語調控制。

- 範例：
1. 「請用 150 字說明什麼是 ChatGPT，語調正式，並在最後附上一個應用範例。」

## 2-2-4 應用場景舉例

| 應用情境 | 拆解方式 |
| --- | --- |
| 報告撰寫 | 條列式：主題 → 小標題 → 資料 → 結論 |
| 產品介紹 | 嵌入式：品牌定位、功能特色、使用案例 |
| 學習計畫規劃 | 多輪提示：輸入需求 → 制定目標 → 列出日程 |
| 程式說明 | 第一步：展示程式碼 → 第二步：說明每行功能 |

## 2-2-5 總結

- 當任務太大或要求太多時，記得把它「拆開來講清楚」。
- 透過多層提示詞的設計，我們能更有效地引導 AI 條理分明地完成複雜任務，讓每一個輸出都更精準、有條理，也更容易控制與調整。

第 2 章　提示詞的基本結構與設計語法

## 2-3　多語言與語調控制的提示設計

　　生成式 AI 擁有理解與產出多種語言的能力，也能根據提示詞調整語調、風格與表達方式。若能掌握語言切換與語調控制技巧，將大幅提升輸出的準確性與情境適配度。不論是撰寫正式報告、輕鬆對話或專業建議，只要提示詞設計得當，AI 便能產出語境一致、風格精準的內容。本節將介紹多語言提示設計與語調控制的要領，並透過對照範例展示其實際應用效果。

### 2-3-1　多語言提示詞的設計技巧

　　生成式 AI 支援多語言輸入與輸出，常見語言包括英文、中文、日文、韓文、西班牙文等。若需指定語言，可明確寫入提示詞中。

下列是提示詞範例：

- 指定語言輸出：「請用英文解釋什麼是生成式 AI」
- 雙語對照輸出：「請將以下段落翻譯成英文，並在每段後附上原文對照」
- 特定語言格式表達：「請用日文列出三個 AI 的應用領域，格式請用條列方式」

### 2-3-2　語調控制的設計原則

　　AI 回應的語調會受到提示詞的引導影響，例如正式、活潑、幽默、冷靜、中立、親切等。下列是常用的 AI 語調控制關鍵詞：

- 「請用正式語調回答」
- 「請用輕鬆自然的語調描述」
- 「請用熱情鼓舞的方式撰寫開場白」
- 「請以新聞報導的口吻陳述下列事件」

### 2-3-3　語調與語言對照範例

　　為了幫助讀者理解不同語調與語言設定對輸出風格的影響，以下列出常見語調控制的 Prompt 範例，並對照 AI 回應在語調、用詞與格式上的變化。

| 類型 | Prompt 範例 | AI 輸出語調 / 風格 |
|---|---|---|
| 正式語調 | 「請用正式語調，說明 AI 在金融產業的應用。」 | 使用詞彙精練、句型嚴謹、語調專業 |
| 活潑語調 | 「請用輕鬆有趣的方式，告訴我什麼是 ChatGPT！」 | 用詞親切、可能加入比喻或表情符號 |
| 商業語調 | 「請撰寫一封產品推廣信，語調專業且具說服力。」 | 結構完整、有邏輯、有行動呼籲（Call-to-Action） |
| 雙語輸出 | 「請用英文寫出三項 AI 應用，並在後面列出中文翻譯。」 | 段落中出現英中對照文字 |

## 2-3-4 實用小技巧

在設計多語言與語調提示詞時，掌握一些簡單實用的操作技巧，能有效提升輸出品質與精準度。以下整理三項常見技巧與建議，供您參考：

| 技巧類型 | 操作建議 |
|---|---|
| 避免語調模糊 | 使用具體語調形容詞（如「親切」、「專業」、「幽默」） |
| 控制語言變換順序 | 若需中英對照，請說明「先英文，後中文」、「一段一譯」等格式 |
| 配合目標受眾語調調整 | 面對不同對象（主管、客戶、學生）請調整語調用詞與句型風格 |

## 2-3-5 跨文化內容設計

生成式 AI 可協助處理不同語言與文化的訊息調整，例如：

- 「請翻譯為英文，並調整語調適合美國職場」
- 「請將此介紹文改寫成適合日本市場的風格」

這樣不僅是翻譯，更是文化適配（localization）的提示詞設計。

## 2-3-6 總結

- 善用語言與語調控制的提示詞設計，不僅能讓 AI 回應更貼近讀者需求，也能應用於多語市場、品牌文案與跨文化溝通。
- 記得明確指出語言、語調與格式要求，才能真正「說出 AI 聽得懂的語言」。

# 第二篇

# 掌控輸出格式
# 高效對話的關鍵技術

第 3 章：輸出格式的 Prompt 規則

第 4 章：表格與資料欄位指定技巧

第 5 章：Prompt 輸出格式實戰演練

# 第 3 章
# 輸出格式的
# Prompt 規則

3-1　如何讓 AI 用您指定的格式回應

3-2　條列式、Q&A、表格、簡短／詳細輸出控制

3-3　限制字數、加入實例、標示來源的技巧

# 第 3 章　輸出格式的 Prompt 規則

在使用生成式 AI 的過程中，許多使用者往往專注於「說明要 AI 做什麼」，卻忽略了另一項同等重要的關鍵「希望 AI 怎麼說出來」。輸出格式不只是美觀問題，更關乎資訊的結構性、可讀性與實用價值。本章將引導讀者掌握格式控制的提示技巧，無論是條列、問答、表格、長短篇幅，甚至是多語對照與資料來源標註，只要懂得設定合適的提示詞，就能讓 AI 的輸出更加貼近真實需求，成為具備高度應用價值的智慧助手。

## 3-1 如何讓 AI 用您指定的格式回應

生成式 AI 所產出的內容品質，除了取決於任務清晰度與語調控制，輸出格式的精準設計同樣關鍵。若只下達模糊指令，AI 回應常出現結構混亂或超出預期篇幅。本節將聚焦於如何透過提示詞控制回應的格式、排列方式、輸出長度等，讓 AI 回應更具結構性與可用性，是實務應用中最不可忽略的技巧之一。

### 3-1-1　為什麼格式控制很重要？

不同的應用情境需要不同的輸出格式，例如：

- 報告摘要需要段落清晰。
- 優缺點比較需要條列清楚。
- 數據整理最好用表格呈現。
- 問與答的互動需用 Q&A 格式。

如果沒有格式指定，AI 會依自身預設邏輯產出，可能導致內容過長、分段混亂、可讀性差。

### 3-1-2　常見的格式控制方式

常見的格式控制方式有 7 種。

| 目的 | Prompt 範例 | 預期輸出格式 |
|---|---|---|
| 簡潔回答 | 「請用一句話回答以下問題」 | 單一句、直接結論 |
| 條列式回應 | 「請列出三個優點，請用數字條列方式」 | 1. …<br>2. …<br>3. … |

| 目的 | Prompt 範例 | 預期輸出格式 |
|---|---|---|
| 圓點列點 | 「請用圓點條列列出重點」 | ● …<br>● …<br>● … |
| Q&A 問答格式 | 「請用問與答的形式解釋下列三個概念」 | Q：…<br>A：… |
| 表格輸出 | 「請用表格列出三種 AI 模型及其優缺點」 | 表格（列：模型，優點，缺點） |
| 指定字數或篇幅 | 「請用 100 字以內簡要說明 GPT 是什麼」 | 控制篇幅在指定字數內 |
| 多語輸出格式 | 「請先輸出英文，再附中文翻譯，並分段顯示」 | 英中對照分段顯示 |

## 3-1-3 語法指令補充技巧

| 控制類型 | 常用語句 | 補充說明 |
|---|---|---|
| 輸出格式 | 「請用表格／條列／問答／段落方式」 | 指示結構明確 |
| 字數限制 | 「請控制在 xx 字以內／句子數內」 | 對長篇內容尤為重要 |
| 排版細節 | 「請每一點以新段落開始」 | 可提升可讀性 |
| 語調風格結合 | 「請用輕鬆語調條列五個建議」 | 格式與風格可合併設計 |

## 3-1-4 實例應用

**實例 1**：普通 Prompt。

「請列出 AI 的三個應用。」

結果：

可能為一段描述性文字，無條列清晰結構。

**實例 2**：優化後 Prompt。

「請用數字條列方式列出三個 AI 的應用，並簡述各自的應用場景。」

結果：

1. 醫療診斷：AI 可協助分析影像、提升診斷效率。
2. 金融風控：偵測異常交易，預防詐騙。
3. 客服自動化：提供即時問答與客戶支援。

## 3-1-5　總結

輸出格式是一個容易被忽略卻極其實用的 Prompt 技巧。學會善用條列、表格、段落、字數控制等提示詞，能讓 AI 回應更有結構、用途更高。後續章節將進一步說明如何進行表格設計與欄位指定。

## 3-2　條列式、Q&A、表格、簡短／詳細輸出控制

不同任務需要不同格式的輸出，有時需要簡明扼要、有時則要條理清晰或結構完整。透過格式提示詞的設計，我們可以讓 AI 回應以條列式、問答格式、表格形式，甚至依據需求輸出簡短或詳細內容。本節將逐一說明這些常用格式的設計技巧，並搭配實際範例，協助讀者學會「說話說到重點、格式也對味」，讓 AI 輸出符合實用場景需求。

### 3-2-1　條列式輸出（List Format）

條列式是最常見也最實用的格式之一，適合呈現多項內容、步驟、清單、優缺點等。與法如下：

- 「請用數字條列方式列出…」
- 「請用圓點條列列出…」

實例 1：請列出三個生成式 AI 的應用領域，請用數字條列。

---

請列出三個生成式 AI 的應用領域，請用數字條列。

當然可以，以下是三個生成式 AI 的應用領域：

1. **內容創作**
   包括自動撰寫文章、生成廣告文案、新聞摘要、小說、劇本、詩歌等。這類應用常見於行銷、出版與媒體產業。

2. **圖像與多媒體生成**
   利用 AI 創造圖片、插圖、影片（如 text-to-video）、音樂與音效。廣泛應用於設計、娛樂、品牌形象與教育內容製作。

3. **虛擬互動與個人化助理**
   建立虛擬客服、智慧聊天機器人、語音助理，甚至個人化教學與醫療建議等，提供使用者高度互動與客製化體驗。

**實例 2**：請列出三個生成式 AI 的在醫學應用領域，請用圓點條列。

> 請列出三個生成式 AI 的在醫學應用領域，請用圓點條列。
>
> 當然可以，以下是三個生成式 AI 在醫學領域的應用：
>
> - **醫學影像生成與強化**
>   利用生成式模型（如GAN）合成高品質的醫學影像，用於訓練醫學診斷模型，或增強 MRI、CT等影像的清晰度與可解讀性。
>
> - **個人化健康建議與病歷摘要**
>   自動整理病患病歷、生成簡明摘要，並根據病史與檢查結果，提供個人化的健康建議或初步診斷輔助。
>
> - **新藥研發與分子生成**
>   生成式 AI 可模擬並創造潛在的新藥分子結構，預測其化學性質與生物活性，加速新藥設計與測試流程。

## 3-2-2 問與答格式（Q&A）

Q&A 格式特別適合知識型任務、FAQ、線上教學或對話模擬。Prompt 語法如下：

- 「請以問與答的方式解釋以下概念」
- 「請模擬一段 Q&A 對話」

**實例 1**：請用問與答形式說明什麼是生成式 AI。

> 請用問與答形式說明什麼是生成式 AI。
>
> 當然可以，以下是以問與答形式說明「什麼是生成式 AI」：
>
> 問：什麼是生成式 AI（Generative AI）？
> **答：** 生成式 AI 是一種人工智慧技術，能夠根據輸入的資料，自動「創造」新的內容，例如文字、圖片、音樂或程式碼。它不只是分析資料，還能模仿人類創造力，生成前所未見但合乎邏輯與語境的新內容。

**實例 2**：請用 Q&A 方式說明「生成式 AI」與「傳統 AI」有什麼不同？

> 請用Q&A方式說明「生成式 AI」與「傳統 AI」有什麼不同？
>
> 當然可以，以下是以 **Q&A 問答形式** 說明「生成式 AI」與「傳統 AI」的差異：
>
> Q：生成式 AI 和傳統 AI 有什麼不同？
> A：它們的核心目標與應用方式不同：
>
> ---
>
> Q：傳統 AI 的主要功能是什麼？
> A：傳統 AI 通常擅長分類、預測、辨識等任務，例如：
> - 判斷一張圖片中是否有貓（影像辨識）
> - 根據過去銷售資料預測下週業績（預測模型）
> - 分析郵件是否為垃圾信（分類器）
>
> 這類 AI 是以已有資料為基礎，做出判斷或決策。

## 3-2-3 表格輸出（Table Format）

表格能清楚呈現多維資訊，是進階使用者常用的格式之一。Prompt 語法如下：

- 「請以表格方式整理⋯」
- 「請用表格列出欄位：技術名稱、用途、優點」

**實例 1**：請用表格列出三種 AI 模型及其特性。

## 3-2 條列式、Q&A、表格、簡短／詳細輸出控制

> 請用表格列出三種 AI 模型及其特性。

以下是三種常見的 AI 模型及其特性的表格整理：

| 模型類型 | 代表技術或模型 | 主要功能與特性 | 應用範例 |
| --- | --- | --- | --- |
| 傳統機器學習 | 決策樹、SVM、KNN | 資料分類、回歸分析、預測，依賴特徵工程 | 客戶流失預測、信用評分、疾病風險預測 |
| 深度學習 | CNN、RNN、LSTM | 自動提取高階特徵，處理大量圖像、語音、序列資料 | 圖像辨識、語音辨識、時間序列預測 |
| 生成式 AI 模型 | GPT、GAN、Diffusion | 產生文字、圖片、音樂、影片等內容，模仿創造力 | 聊天機器人、AI繪圖、影片生成、文案撰寫 |

**實例 2**：請用表格列出 ChatGPT, DALL-E, Sora，欄位：技術名稱、用途、優點。

> 請用表格列出ChatGPT, DALL-E, Sora，欄位：技術名稱、用途、優點

以下是 ChatGPT、DALL·E、Sora 的比較表格，欄位包括：技術名稱、用途、優點：

| 技術名稱 | 用途 | 優點 |
| --- | --- | --- |
| ChatGPT | 自然語言對話、寫作、問答、程式輔助 | 對話自然、理解語境、支援多語言、擅長撰寫與知識整合 |
| DALL·E | 圖像生成（依文字描述創作圖片） | 可精準將文字轉換為圖像、風格多變、可控制細節（如圖像編輯、樣式變換等） |
| Sora | 影片生成（由文字腳本轉換影片） | 將複雜文字場景轉為動畫影片、生成畫面連貫，適用於廣告、故事影片創 |

## 3-2-4　簡短與詳細輸出控制（Length Control）

有時需要一句話總結，有時則要深入說明。AI 可以依提示詞控制輸出長度與細節。Prompt 語法如下：

- 「請用一句話說明⋯」
- 「請用 100 字內簡述⋯」
- 「請詳細說明以下議題，並補充背景資訊」

範例對照可參考下表。

| Prompt | 輸出特性 |
| --- | --- |
| 「請用一句話說明 GPT」 | 精簡摘要 |
| 「請詳細說明 GPT 的原理與應用」 | 多段描述，含技術背景與實例 |

## 3-2-5　小技巧提醒

| 控制目標 | 建議寫法 |
| --- | --- |
| 條列數量 | 「請列出三點⋯」、「請條列五項⋯」 |
| 段落數控制 | 「請分三段描述⋯」、「請每段控制在 50 字內」 |
| 表格欄位定義 | 「請用三欄表格：名詞 / 說明 / 中文翻譯」 |
| 語調控制結合 | 「請用輕鬆語調條列五個優點」 |

## 3-2-6　總結

學會設計不同輸出格式的 Prompt，是實務應用中最具價值的技巧之一。無論是要簡明清晰地整理資訊，還是要建構結構完整的說明，只要提示詞設計得好，就能讓 AI 自動輸出正確格式、節省大量整理時間。

# 3-3　限制字數、加入實例、標示來源的技巧

在進行內容生成時，除了控制輸出格式與語調外，字數長度、是否加入實例說明、以及引用來源的標示，也是決定回應品質的關鍵因素。這些條件不僅能幫助 AI 更貼近真實應用需求，也提升使用者對輸出結果的掌控度。本節將介紹這三項實用技巧的提示詞設計方式，讓 AI 回應不再落落長、不著邊際，而是精準、有例可循、有據可查。

## 3-3-1 限制字數（Length Limitation）

限制字數是控制輸出篇幅的基本方法，適合用於摘要、標題設計、精簡型內容、推文、履歷等用途。常用 Prompt 語法如下：

- 「請用 XX 字以內說明…」
- 「請寫一段不超過三行的說明」
- 「請控制在一句話內完成」

範例對照可參考下表。

| Prompt | 輸出預期 |
|---|---|
| 「請用 100 字內說明生成式 AI」 | 一段不超過 100 字的簡明解釋 |
| 「請撰寫一段三行內的品牌故事」 | 段落控制在三行結構內 |

## 3-3-2 加入實例（Include Examples）

引導 AI 加入實例，能幫助讀者更快理解抽象概念，特別適合應用教學、說明性文章、商業建議等任務。常用 Prompt 語法如下：

- 「請舉一個實例說明…」
- 「請補充一個生活中的應用案例」
- 「請用範例輔助解釋下列概念」

範例對照可參考下表。

| Prompt | 輸出內容 |
|---|---|
| 「什麼是 AI？請附上一個生活中的應用案例」 | 解釋 AI 後，附上如「語音助理（如 Siri）」等範例說明 |
| 「請說明 Prompt 的作用，並用對話範例展示其應用」 | 除了解釋，還提供對話實際範例，有助於情境理解 |

第 3 章　輸出格式的 Prompt 規則

**實例 1**：什麼是 AI？請附上一個生活中的應用案例。

> 什麼是 AI？請附上一個生活中的應用案例
>
> **什麼是 AI？**
> AI（人工智慧，Artificial Intelligence）是指讓電腦模擬人類智慧的技術，能進行**學習、推理、判斷與決策**。簡單來說，就是讓電腦能「像人一樣思考與行動」。
>
> **生活中的應用案例：智慧語音助理**
> 像是 **Siri（蘋果）** 或 **Google 助理** 就是 AI 的應用。你對手機說：「幫我設定早上七點的鬧鐘」，AI 能理解你的語意，自動完成設定。它能聽懂語音、理解語意並執行任務，這就是 AI 在日常生活中的實用展現。

**實例 2**：請說明 Prompt 的作用，並用對話範例展示其應用。

> 請說明 Prompt 的作用，並用對話範例展示其應用
>
> 當然可以！
>
> ✅ **什麼是 Prompt？**
> **Prompt（提示詞）** 是你輸入給 AI 模型的指令或文字，用來告訴 AI 要執行什麼任務、用什麼語氣、產出什麼形式的內容。
> 簡單說：**Prompt 就是你和 AI 溝通的語言**，設計得越清楚、具體，AI 給你的回應就越精準。

3-10

> **Prompt 應用對話範例**
>
> 🎯 **目標：請 AI 幫忙撰寫一則旅遊廣告文案**
>
> **使用者 Prompt：**
> 請幫我寫一則充滿感性風格的日本京都秋季旅遊廣告，字數 80 字左右。
>
> **ChatGPT 回覆：**
> 紅葉如畫，京都正美。走過鴨川岸邊的秋風小徑，品味一杯抹茶的靜謐時光。這個秋天，讓心停留在京都的溫柔裡。

### 3-3-3 標示來源（Cite Sources）

在需要可信度或進行學術寫作時，提示 AI 標示資料來源是提升內容公信力的重要技巧。常用 Prompt 語法如下：

- 「請在回應中標註資料來源」
- 「若資料有引用，請附上來源連結」
- 「請列出參考資料清單」

範例對照可參考下表。

| Prompt | 輸出形式 |
| --- | --- |
| 「請列出 ChatGPT 的三個應用，並附上資料來源」 | 條列應用，並於每一點後加註參考網址（如來源：https://…） |
| 「請撰寫一段有關 AI 對教育影響的說明，並附三筆來源」 | 段落結尾會附上三個來源連結或註明資料出處 |

# 第 3 章　輸出格式的 Prompt 規則

**實例 1**：請列出 ChatGPT 的三個應用，並附上資料來源。

> 請列出 ChatGPT 的三個應用，並附上資料來源
>
> 以下是 ChatGPT 的三個應用，並附上可信的資料來源：
>
> ### 1. 智慧客服與自動化回覆
> ChatGPT 可用來自動處理顧客問題、提供技術支援或常見問題解答，大幅減少人力客服的工作負擔。
> ✅ **用途示例**：網站客服、電商售後服務、自動化 FAQ 系統
> 📘 **資料來源**：OpenAI 官方部落格（https://openai.com/chatgpt）
>
> ### 2. 內容創作與文案撰寫
> 許多行銷人員和創作者使用 ChatGPT 來撰寫社群貼文、廣告文案、部落格文章，甚至是詩歌與劇本。
> ✅ **用途示例**：部落格生成器、社群貼文助手、自動寫作軟體
> 📘 **資料來源**：Harvard Business Review〈How Generative AI Is Changing Creative Work〉
> （https://hbr.org/2023/07/how-generative-ai-is-changing-creative-work）
>
> ### 3. 教育輔助與個人學習助理
> 學生與老師可利用 ChatGPT 解釋複雜概念、提供學習範例、改作文、生成教學計畫等。
> ✅ **用途示例**：AI 家教、語言學習、考試準備助手
> 📘 **資料來源**：Educause Review〈ChatGPT in Higher Education: What Are the Implications?〉
> （https://er.educause.edu/articles/2023/2/chatgpt-in-higher-education-what-are-the-implications）

3-3 限制字數、加入實例、標示來源的技巧

**實例 2**：請撰寫一段有關 AI 對教育影響的說明，並附三筆來源。

> 請撰寫一段有關 AI 對教育影響的說明，並附三筆來源
>
> 當然可以，以下是一段關於 **AI 對教育影響** 的說明，並附上三筆參考資料來源：
>
> 隨著人工智慧（AI）技術的快速發展，教育領域正面臨一場深刻的轉型。AI 不僅能根據學生的學習進度與風格，提供個人化的教學建議，還能自動批改作業、生成學習內容，減輕教師的行政負擔。透過聊天機器人與虛擬助教，學生能在課後即時獲得學習支援，提升學習動機與效率。然而，AI 也帶來對學術誠信的挑戰，如學生可能濫用生成式工具完成作業，因此教育工作者必須同步調整評量方式與教學策略，以因應未來的數位教室。

📊 **參考資料：**

1. **OECD (2021)**
   *AI and the Future of Skills, Volume 1: Capabilities and Assessments*
   https://www.oecd.org/publications/ai-and-the-future-of-skills-volume-1-5f8769c2-en.htm

2. **Educause Review (2023)**
   *ChatGPT in Higher Education: What Are the Implications?*
   https://er.educause.edu/articles/2023/2/chatgpt-in-higher-education-what-are-the-implications

3. **UNESCO (2021)**
   *AI and Education: Guidance for Policy-makers*
   https://unesdoc.unesco.org/ark:/48223/pf0000376709

## 3-3-4　實用提醒技巧

| 目標 | 提示詞建議 |
|---|---|
| 控制輸出長度 | 「請用一句話／100 字內／不超過三行…」 |
| 提升內容具體性 | 「請加入一個實例／生活應用案例／說明性對話」 |
| 確保資訊可溯源 | 「請附上資料來源／列出參考資料／加入超連結」 |

3-13

## 3-3-5 總結

想讓 AI 回應更實用、有結構、可查證,就不能忽略字數、實例與來源三大控制面。這些技巧雖簡單,卻能大幅提升回應內容的可讀性、可信度與可行性。

# 第 4 章
# 表格與資料欄位
# 指定技巧

4-1　表格欄位自訂（column 命名技巧）

4-2　用 Prompt 控制資料清單的分類與對應格式

4-3　進階範例 - 三欄比較表、時間軸整理表

# 第 4 章　表格與資料欄位指定技巧

表格是最能清楚呈現結構化資料的輸出方式之一，尤其適用於比對分析、清單整理、報告撰寫等場景。透過精準的提示詞設計，我們不僅可以要求 AI 回應為表格格式，還能指定欄位順序、標題命名與內容範圍，讓表格呈現更貼近實務需求。本章將深入說明如何自訂表格欄位、控制資料內容，以及設計多欄多列的高階表格輸出，讓 AI 成為你的資料整理助手。

## 4-1　表格欄位自訂（column 命名技巧）

當我們要求 AI 輸出表格時，若沒有明確指定欄位名稱，AI 可能會任意安排欄位順序或格式，導致結果不如預期。透過在提示詞中清楚說明每一欄的標題與排列順序，不僅能提升輸出的一致性，也讓表格更符合實務應用需求。本節將介紹如何設計有效的欄位命名提示詞，並透過實例展示如何讓 AI 輸出結構清晰、專業完整的表格內容。

### 4-1-1　為何要指定欄位名稱

當我們希望 AI 輸出一份具有固定格式的表格時，例如清單、對照表或名詞解釋表，如果沒有指定欄位名稱，AI 可能會自由發揮，導致欄位順序錯亂或內容不一致。因此，指定明確的欄位名稱與排列順序，是確保輸出品質的關鍵。

### 4-1-2　欄位命名語法與範例

基本 Prompt 語法：

- 「請用表格整理以下資料，欄位為：A、B、C」
- 「請用三欄表格顯示，欄位分別為：英文名詞、中文翻譯、說明」

**實例 1**：請解釋下列縮寫詞（NBA、NCAA、MLB），以表格方式輸出，欄位為「縮寫」、「全名」、「中文解釋」。

> 請解釋下列縮寫詞（NBA、NCAA、MLB），以表格方式輸出，欄位為「縮寫」、「全名」、「中文解釋」

以下是針對您提供的縮寫詞的表格說明：

| 縮寫 | 全名 | 中文解釋 |
| --- | --- | --- |
| NBA | National Basketball Association | 美國國家籃球協會 |
| NCAA | National Collegiate Athletic Association | 全美大學體育協會 |
| MLB | Major League Baseball | 美國職業棒球大聯盟 |

## 4-1-3 實用欄位設計建議

| 使用情境 | 欄位設計建議 |
| --- | --- |
| 名詞定義 | 名詞、解釋、例句／應用場景 |
| 技術對照 | 技術名稱、功能、優缺點 |
| 產品比較 | 品牌、特色、價格、評價 |
| 學習計畫 | 日期、主題、學習目標／練習項目 |
| 翻譯練習 | 原文、翻譯、語法難點／文化差異說明 |

## 4-1-4 控制欄位順序與欄位數量

要讓 AI 正確生成欄位，順序要明確寫出、數量要明確限定，以下是有效的語句設計方式：

- 「請用下列三欄格式呈現…」
- 「第一欄為技術名稱，第二欄為說明，第三欄為應用實例」
- 「請限制為四欄，依序為：地區、產業別、平均薪資、成長趨勢」

## 4-1-5 欄位內容控制範例

有時我們不只控制欄位名稱，還希望控制內容格式，例如限定字數、語調或輸出語言，也可直接在提示詞中說明。

第 4 章　表格與資料欄位指定技巧

**實例 1**：請用表格列出三個行銷術語，欄位為「術語名稱（英文）」、「中文解釋（50字內）」、「應用情境（條列兩點）」。

> 請用表格列出三個行銷術語，欄位為「術語名稱（英文）」、「中文解釋（50字內）」、「應用情境（條列兩點）」。

以下是三個行銷術語的表格整理：

| 術語名稱（英文） | 中文解釋（50字內） | 應用情境（條列兩點） |
| --- | --- | --- |
| KPI (Key Performance Indicator) | 關鍵績效指標，用來衡量行銷活動是否達成目標 | • 評估社群貼文的互動率<br>• 監控網站訪客轉換率 |
| ROI (Return on Investment) | 投資報酬率，衡量投入成本與獲利的比例 | • 分析廣告投放效益<br>• 評估行銷活動的資源回收效率 |
| CRM (Customer Relationship Management) | 顧客關係管理，提升顧客滿意度與長期價 ↓ | • 建立顧客聯絡資料庫<br>• 執行個人化行銷與後續追蹤 |

## 4-1-6　總結

指定表格欄位是進階 Prompt 設計的重要能力之一。透過精準設定欄位名稱、數量與順序，不僅能讓 AI 按格式完成資料整理，更能符合商務、學習與報告撰寫的實務需求。下一節將說明如何進一步控制表格內的內容樣式與資料精度，打造專業水準的 AI 資料表。

## 4-2　用 Prompt 控制資料清單的分類與對應格式

當我們要求 AI 產生資料清單時，若未明確指定分類標準與對應格式，往往會導致內容混雜、邏輯不清。透過適當設計提示詞，我們可以要求 AI 依照主題、類型、時序等進行分類整理，並以清單或表格方式清楚呈現。本節將介紹如何運用分類指令與格式說明，引導 AI 自動整理資訊，產出條理分明、邏輯清晰的輸出結果。

## 4-2-1　什麼是分類與對應格式控制

分類是指將一組資料根據某種規則進行分組，而對應格式則是指每個分類底下的項目呈現方式。這在產品清單、功能列表、學習計畫、教案設計等場景中非常常見。

## 4-2-2　常見分類維度與範例

| 分類依據 | 範例 Prompt | 預期格式 |
|---|---|---|
| 主題分類 | 「請將下列應用依照領域分類：醫療、金融、教育」 | 分段顯示，每段為一個分類 |
| 時間順序 | 「請依照年度列出 AI 發展的里程碑，從 2015 至今」 | 時間軸排列，左為舊、右為新 |
| 使用對象 | 「請分類出學生、教師與企業主可用的 AI 工具各三個」 | 分三組清單，每組對應一種使用者 |
| 難度等級 | 「請列出三種 AI 相關課題，並依照初級、中級、高級分類」 | 三層級分類，每層含對應主題或工具 |

## 4-2-3　Prompt 設計語法與技巧

基本語法：

- 「請依照以下分類方式整理資料…」
- 「請將清單分為 A、B、C 三類，並各列出三項」
- 「每一類請加上標題並以條列格式呈現」

**實例 1**：請列出 AI 在不同產業的應用，並依照『醫療』『零售』『教育』分類，請用條列方式整理。

> 請列出 AI 在不同產業的應用，並依照『醫療』『零售』『教育』分類，請用條列方式整理。
>
> 以下是 AI 在不同產業中的應用，依照「醫療」、「零售」、「教育」三大類別條列整理如下：

### 🏥 醫療產業

- **醫學影像分析**：透過 AI 模型協助判讀 X 光、MRI、CT 等影像，加快診斷速度與準確率。
- **個人化健康建議**：根據病患資料，提供量身訂做的治療方案與用藥建議。
- **智慧病歷摘要**：自動整理並重點摘要病歷紀錄，節省醫護人員文書時間。

### 🛍️ 零售產業

- **顧客行為預測**：分析購買紀錄與瀏覽習慣，預測下一次消費行為。
- **智慧推薦系統**：根據使用者興趣自動推薦產品,提高轉換率。
- **庫存與物流預測**：運用 AI 預測商品需求,優化補貨與倉儲管理。

### 🎓 教育產業

- **個人化學習系統**：依學生能力與進度，提供量身訂做的教學內容。
- **AI 家教與對話助理**：透過語言模型回答學生問題、協助作業學習。
- **自動批改與成績分析**：協助教師快速批改選擇題與短文，並提供學習建議。

## 4-2-4 進階技巧 - 分類 + 欄位對應

除了分類標題，我們也可以進一步控制分類中的每個項目內容格式，例如使用表格或多欄清單。

**實例 1**：請列出三個適合學生使用的 AI 工具，請以表格方式顯示，欄位為：工具名稱、功能描述、平台。

> 請列出三個適合學生使用的 AI 工具,請以表格方式顯示,欄位為:工具名稱、功能描述、平台

以下是三個適合學生使用的 AI 工具,以表格方式整理:

| 工具名稱 | 功能描述 | 平台 |
| --- | --- | --- |
| ChatGPT | 提供問答、寫作輔助、語言學習、解釋概念與作業協助 | 網頁、App(OpenAI) |
| Grammarly | 英文文法、拼字與寫作風格檢查,協助改善英文寫作品質 | 瀏覽器擴充、App、桌面版 |
| Notion AI | 自動整理筆記、摘要課堂內容、生成學習計畫 | 網頁、App(Notion) |

## 4-2-5 總結

分類與格式控制能讓 AI 輸出的清單更具組織性與可讀性,是商業報告、教育設計與知識整理中不可或缺的技巧。透過良好的 Prompt 設計,不僅能完成內容生成,還能自動達成視覺與結構上的分類清晰與格式一致,是高階使用者必備的設計能力。

# 4-3 進階範例 - 三欄比較表、時間軸整理表

除了基本的清單分類與欄位指定外,生成式 AI 也能依據進階提示,建立具有結構與邏輯的資訊表格,如比較表與時間軸。這類表格常見於商業簡報、技術報告或學習教材中,可有效呈現差異、趨勢與歷程。本節將介紹如何透過 Prompt 設計,讓 AI 生成三欄比較表與具時間順序的整理表,進一步強化資訊的組織力與表達力。

## 4-3-1 三欄比較表的用途與設計技巧

三欄比較表常用於對比產品、技術、策略或選項,可明確呈現異同與優劣勢。

常見欄位組合:

- 名稱／功能／優點

### 第 4 章　表格與資料欄位指定技巧

- 方法／原理／應用場景
- 選項／優勢／缺點

Prompt 設計語法：

- 「請以三欄表格格式呈現…」
- 「請列出三種 [ 主題 ]，欄位為：A、B、C」

**實例 1**：請以表格比較三種生成式 AI 模型，欄位為「模型名稱」、「主要功能」、「適用情境」。

> 請以表格比較三種生成式 AI 模型，欄位為「模型名稱」、「主要功能」、「適用情境」。

以下是三種生成式 AI 模型的比較表格：

| 模型名稱 | 主要功能 | 適用情境 |
| --- | --- | --- |
| GPT | 文字生成、問答對話、翻譯、摘要、寫作與程式輔助 | 聊天機器人、語言學習、文章撰寫、技術說明、教學助手 |
| DALL·E | 圖像生成，將文字描述轉換為創意圖片或插畫 | 平面設計、產品視覺化、品牌形象建立、社群內容創作 |
| Sora | 影片生成，根據文字腳本生成動畫或真實風格影片 | 故事影片、教育課程影片、廣告短片、創作型影片製作 |

## 4-3-2　時間軸整理表的應用與設計技巧

時間軸整理表適用於展示事件發展順序、技術演進、產品更新歷程等，有助於強化邏輯脈絡與時間感。

常見欄位組合：

- 年份／事件／說明
- 時間點／行動／結果
- 發展階段／代表技術／意義

4-3 進階範例 - 三欄比較表、時間軸整理表

Prompt 設計語法：

- 「請列出 AI 發展歷程，並依照年份排序」
- 「請用表格呈現自 2010 年以來的主要 AI 技術變化」

**實例 1**：請用表格整理 AI 歷史發展，自 2010 年起，欄位為「年份」、「重大技術」、「說明」。

> 請用表格整理 AI 歷史發展，自 2010 年起，欄位為「年份」、「重大技術」、「說明」

以下是自 2010 年起的 AI 歷史發展整理表格：

| 年份 | 重大技術 | 說明 |
| --- | --- | --- |
| 2012 | AlexNet | 深度學習模型在 ImageNet 圖像辨識競賽中大幅領先，開啟深度學習熱潮 |
| 2014 | GAN（生成對抗網路） | Ian Goodfellow 提出，可生成以假亂真的圖像，為生成式 AI 奠定基礎 |

…

| 2022 | ChatGPT | OpenAI 推出基於 GPT 的對話系統，掀起生成式 AI 普及浪潮 |
| 2024 | Sora（OpenAI） | 開放文字生成影片功能，將生成式 AI 拓展至影音創作領域 |

## 4-3-3 延伸應用建議

| 類型 | 建議格式說明 | 適用範例 |
| --- | --- | --- |
| 產品比較表 | 名稱／價格／功能／推薦指數 | 電子產品推薦、應用程式對照表 |
| 教學單元對照表 | 主題／目標／練習項目 | 課程設計、學習歷程規劃表 |
| 市場趨勢表 | 年度／指標變化／業界回應 | 年報摘要、投資分析 |

## 4-3-4 總結

　　透過設計進階格式如三欄比較表與時間軸整理表，不僅能讓 AI 輸出的資訊更有層次，也大幅提升了閱讀效率與實務價值。這些結構清晰、條理分明的表格樣式，適用於各種報告、簡報與教學應用，極具實用性與可讀性。

# 第 5 章
# Prompt 輸出格式實戰演練

5-1　轉換同一主題為不同格式的範例演練

5-2　不同語調下的輸出變化（專業、幽默、口語）

5-3　表格 vs 條列 vs 段落的適用情境比較

## 第 5 章　Prompt 輸出格式實戰演練

在前幾章，我們已學會如何設計提示詞、控制語調與格式，也掌握了欄位命名與表格應用的技巧。本章將進一步進入實戰應用階段，透過實際範例演練，學習如何將同一主題轉換為不同格式輸出，觀察 AI 在不同語調下的變化，並分析各種格式（如表格、條列、段落）在不同情境中的優劣。這不僅能強化對格式控制的理解，更能幫助讀者建立 Prompt 設計的彈性思維與應用判斷力，真正做到「一題多變」、「一語多型」，全面駕馭 AI 的輸出能力。

## 5-1　轉換同一主題為不同格式的範例演練

在實際應用中，我們常會遇到同一主題需依據不同情境輸出不同格式內容的需求，例如一則 AI 新聞可能要用段落撰寫、條列整理，甚至轉為問答形式。能靈活轉換輸出格式，是一項關鍵的 Prompt 實戰技巧。本節將透過一個主題，示範如何依需求輸出為段落、條列、問答、表格等形式，幫助讀者掌握格式轉換的實務操作與提示詞設計方式。

### 5-1-1　同一主題的多格式輸出策略

為了展示格式控制的實務操作，本節以「生成式 AI 的應用」為主題，示範如何運用不同的 Prompt 指令，產出段落、條列、問答與表格四種常見格式，幫助讀者靈活掌握輸出技巧，同時也說明適用時機。

❑ **格式一：段落式說明（適用於報導、說明文）**

**實例 1**：請以段落方式說明生成式 AI 的三個應用領域，約 150 字。

> 請以段落方式說明生成式 AI 的三個應用領域，約 150 字。
>
> 生成式 AI 在多個領域展現強大應用潛力。首先，在**內容創作**方面，它能自動生成文章、故事、詩歌及程式碼，成為寫作者與開發者的創意助手。其次，在**影像與影音設計**中，AI 可根據文字描述生成圖像、影片，廣泛應用於廣告、教育與社群行銷。第三，在**虛擬助理與客服場景**中，生成式 AI 能即時回應問題、模擬對話，提升用戶體驗並減輕人力負擔。這些應用正逐步改變人們的工作與生活方式。

## 5-1 轉換同一主題為不同格式的範例演練

❑ **格式二:條列式整理(適用於簡報、教學重點)**

**實例 2:**請用數字條列列出生成式 AI 的三個應用領域,並簡要說明。

> 請用數字條列列出生成式 AI 的三個應用領域,並簡要說明。
>
> 以下是生成式 AI 的三個應用領域:
>
> 1. **內容創作**
>    自動撰寫文章、故事、廣告文案、電子郵件與程式碼,提升創作效率與靈感產出。
> 2. **多媒體生成**
>    根據文字描述生成圖片、音樂或影片,廣泛應用於設計、行銷與娛樂產業。
> 3. **智慧助理與客服**
>    模擬對話、回答問題、整理摘要,應用於線上客服、教學平台與知識管理系統。

❑ **格式三:問與答形式(適用於知識型對話、FAQ)**

**實例 3:**請用問與答形式說明生成式 AI 的三個應用領域。

> 請用問與答形式說明生成式 AI 的三個應用領域。
>
> 當然可以,以下是以問與答形式說明生成式 AI 的三個應用領域:
>
> **Q1:生成式 AI 可以用來做什麼樣的文字創作?**
> **A1:**生成式 AI 可用來撰寫文章、故事、詩歌、電子郵件,甚至是程式碼,協助創作者提升效率與靈感。

第 5 章　Prompt 輸出格式實戰演練

> Q2：生成式 AI 能產生圖像或影片嗎？
> **A2：**可以，它能根據文字描述生成圖片、動畫或影片，廣泛應用於廣告設計、社群內容、教育影片等領域。
>
> Q3：生成式 AI 在教學與客服方面有什麼用途？
> **A3：**生成式 AI 能擔任虛擬助理，提供即時問答、語言學習輔導或知識查詢，提升教學互動與服務效率。

❏ **格式四：表格格式（適用於比對分析、報告彙整）**

**實例 4**：請用表格列出生成式 AI 的三個應用領域與對應功能。

> 請用表格列出生成式 AI 的三個應用領域與對應功能。
>
> 以下是生成式 AI 的三個應用領域與對應功能的表格整理：
>
> | 應用領域 | 對應功能 |
> | --- | --- |
> | 文字創作 | 自動撰寫文章、故事、詩歌、程式碼與摘要 |
> | 圖像與影音生成 | 依據文字描述生成圖片、插畫、動畫或影片 |
> | 教育與客服 | 提供即時問答、語言輔導、知識查詢與學習內容整理 |

## 5-1-2　格式輸出優點與適用時機

| 格式類型 | 優點 | 適用情境 |
| --- | --- | --- |
| 段落式 | 適合敘述完整、語意流暢 | 報導、報告、部落格文章 |
| 條列式 | 條理清晰、重點明確 | 簡報、教學講義、快速閱讀內容 |
| 問答式 | 易於對話理解、互動性強 | 客服、FAQ、課程互動引導 |
| 表格式 | 結構清楚、便於比較與統整 | 報表、技術文件、策略分析 |

## 5-1-3　總結

　　同一主題透過不同格式呈現，不只是文字排列的變化，更是資訊結構與溝通方式

的轉換。學會根據使用目的與讀者需求調整輸出格式,是成為高階 Prompt 使用者的關鍵能力。下一節,我們將探討如何在相同內容下控制語調風格,使輸出更符合場景與受眾期待。

## 5-2 不同語調下的輸出變化(專業、幽默、口語)

除了控制內容與格式外,語調也是 Prompt 設計中影響輸出風格的關鍵因素。無論是要產出正式報告、輕鬆社群貼文,或是具幽默感的開場白,只要在提示詞中明確指定語調,AI 就能調整回應風格以符合情境需求。本節將透過同一主題示範三種語調變化「專業」、「幽默」與「口語」,幫助讀者靈活運用語調控制,強化溝通效果。

### 5-2-1 語調控制的基本語法

常見語調提示詞關鍵字包括:

| 語調類型 | 常用指令關鍵語 |
| --- | --- |
| 專業 | 「請用正式/專業語氣描述…」 |
| 幽默 | 「請用幽默/有趣/輕鬆的方式說明…」 |
| 口語 | 「請用自然對話/白話/像朋友聊天的語氣說明…」 |

### 5-2-2 語調提示詞實例

這一節將以主題範例:「什麼是生成式 AI?」為主題,示範三種語調的輸出方式。

❏ **專業語調**

**實例 1**:請用正式語調說明什麼是生成式 AI,限 100 字內。

> 請用正式語氣說明什麼是生成式 AI,限 100 字內。
>
> 生成式 AI(Generative AI)是指能根據輸入資料自動生成文字、圖像、音訊或影片等內容的人工智慧技術。它透過大量資料訓練模型,模擬人類創造力,廣泛應用於內容創作、設計與智慧助理等領域。

第 5 章　Prompt 輸出格式實戰演練

❏　**幽默語調**

**實例 2**：請用幽默語調說明什麼是生成式 AI，限 100 字內。

> 請用幽默語調說明什麼是生成式 AI，限 100 字內
>
> 生成式 AI 就像一位永遠不會累的創作高手，你給它幾個關鍵字，它就能幫你寫故事、畫圖、唱歌，甚至幫你寫情書！不吃不睡不喝咖啡，靈感卻永遠不打烊，是你 24 小時不離不棄的創意夥伴。

❏　**口語語調**

**實例 3**：請用自然口語語調說明什麼是生成式 AI，限 100 字內。

> 請用自然口語語調說明什麼是生成式 AI，限 100 字內。
>
> 生成式 AI 就像一個超懂你的創作幫手，你說一句話，它就能幫你寫文章、畫圖，甚至做影片。你給它靈感，它幫你變出內容，超方便、超聰明，工作和生活都能派上用場。

## 5-2-3　語調選擇的實用對照

| 語調風格 | 特點 | 適用場景 |
| --- | --- | --- |
| 專業 | 用詞精準、語句正式 | 商業簡報、學術報告、技術文件 |
| 幽默 | 輕鬆有趣、帶入比喻或玩笑 | 社群貼文、廣告文案、演講開場白 |
| 口語 | 親切自然、貼近日常用語 | 客戶對話、聊天介面、教學影片腳本 |

## 5-2-4　語調混合技巧

有時候一段內容也可以結合語調風格進行混合設計：

- 「請先用正式語調說明，再用一句幽默的方式總結。」
- 「開頭用口語語調吸引讀者，再轉為專業語調解釋。」

這樣可增加閱讀層次感，讓內容更生動、有層次又兼具說服力。

## 5-2-5 總結

語調控制是讓 AI「說話更像人」的重要技巧,透過指定語調,我們可以靈活因應不同情境,打造出更具風格與目的性的內容。下一節,我們將進一步比較不同格式在各種應用場景中的優劣,幫助你做出正確格式選擇。

# 5-3 表格 vs 條列 vs 段落的適用情境比較

在進行 Prompt 設計時,即使主題內容相同,最終選擇哪一種輸出格式「表格」、「條列」還是「段落」,都會直接影響讀者的理解效率與內容呈現效果。選錯格式,資訊可能顯得雜亂或難以比較;選對格式,則可大幅提升可讀性與實用性。本節將系統性比較三種常見格式的特性、優缺點與適用情境,幫助讀者根據任務需求選擇最合適的呈現方式。

## 5-3-1 三種格式的特性總覽

| 格式類型 | 結構特性 | 優點 | 缺點 |
| --- | --- | --- | --- |
| 表格 | 有明確欄位、可橫向對比 | 資訊條理清晰、便於比較 | 不適合表達情感或細膩敘述 |
| 條列式 | 垂直排列重點項目 | 重點分明、閱讀快速、格式簡單 | 無法呈現連貫邏輯或背景脈絡 |
| 段落式 | 自然語言連貫敘述 | 適合說明性內容、語意完整、語氣可調整 | 資訊搜尋較慢、重點需自己歸納 |

## 5-3-2 以相同主題示範三種格式

為了幫助讀者實際比較不同格式的效果,以下以「生成式 AI 的三大應用領域」為主題,分別示範段落、條列與表格三種輸出形式,觀察各自的呈現特性與適用場景。

❑ **段落格式(適合部落格文章、技術說明)**

**實例 1**:請用段落格式說明生成式 AI 的三大應用領域。

## 第 5 章　Prompt 輸出格式實戰演練

> 請用段落格式說明生成式 AI 的三大應用領域
>
> 生成式 AI 近年來在多個領域展現出驚人的應用潛力，主要可分為三大方向。
>
> 首先是**文字創作領域**。生成式 AI 能自動撰寫各類文章、詩歌、故事、行銷文案，甚至是程式碼與技術文件。無論是學生寫作、企業行銷，還是工程師的開發流程，都能受益於其高效率與多樣化表達能力。
>
> 第二是**圖像與影音生成**。透過 AI 模型，使用者只需輸入文字描述，就能快速產出對應的圖片、插圖、動畫或影片，廣泛應用於設計、廣告、教育與娛樂產業，降低創作門檻並加速產製流程。
>
> 第三是**教育與互動應用**。生成式 AI 可用於智慧教學助理、語言學習、內容摘要與知識問答等場景，提升學習互動性與效率，同時也能應用於客服系統中，提供即時且自然的回應，改善使用者體驗。

### ❏　條列格式（適合簡報、學習重點）

**實例 2**：請用條列格式說明生成式 AI 的三大應用領域。

> 請用條列格式說明生成式 AI 的三大應用領域
>
> 以下是生成式 AI 的三大應用領域：
>
> - **文字創作**
>   可自動撰寫文章、故事、詩歌、廣告文案與程式碼，廣泛應用於內容產製與創作輔助。
>
> - **圖像與影音生成**
>   根據文字描述生成圖片、插畫、動畫或影片，適用於設計、行銷、教育與娛樂產業。
>
> - **教育與互動應用**
>   作為虛擬教學助理與客服工具，提供即時問答、語言輔導與知識整合，提升學習與服務效率。

### ❏　表格格式（適合報告、提案文件）

**實例 3**：請用表格格式說明生成式 AI 的三大應用領域。

5-3 表格 vs 條列 vs 段落的適用情境比較

> 請用表格格式說明生成式 AI 的三大應用領域

以下是生成式 AI 三大應用領域的表格整理：

| 應用領域 | 說明 |
| --- | --- |
| 文字創作 | 自動生成文章、詩歌、故事、程式碼與廣告文案，提升創作效率與靈感產出 |
| 圖像與影音生成 | 根據文字描述生成圖片、插畫、動畫或影片，應用於設計、行銷與教育領域 |
| 教育與互動應用 | 提供智慧教學助理、即時問答、語言學習與客服支援，強化互動體驗 |

### 5-3-3 適用情境建議

| 應用場景 | 建議格式 | 說明 |
| --- | --- | --- |
| 簡報或報告重點整理 | 條列式 | 快速傳遞重點，條理分明 |
| 資訊比對與比較 | 表格格式 | 欄位明確、橫向對照清楚 |
| 深入說明與論述 | 段落格式 | 語氣自然流暢，適合描述背景與邏輯推展 |
| FAQ 或自動客服 | 問答格式（延伸） | 問題導向的資訊搜尋形式，可快速取得想要的答案 |

### 5-3-4 小技巧 - 根據輸出目的選擇格式

- 若目的是讓讀者快速瀏覽並抓重點 → 條列式
- 若目的是讓使用者進行比較或匯整 → 表格
- 若目的是提供完整說明或情境敘述 → 段落

也可以搭配語氣控制與格式合併使用，如：

- 「請用條列方式說明三點，並用輕鬆語調撰寫」
- 「請用表格列出對照資料，語調保持專業一致」

### 5-3-5 總結

格式的選擇，不只是視覺排版問題，更關乎資訊的邏輯與效果呈現。透過靈活掌握段落、條列與表格三種格式的特性與應用情境，您將能更有效地設計 Prompt，產出既符合需求又具可讀性的 AI 回應內容。

# 第三篇

# AI Prompt 的應用場景與產出控制

第 6 章：ChatGPT 應用技巧與內容生成提示詞設計

第 7 章：AI 創意內容的提示詞應用

第 8 章：商業與辦公應用的 Prompt 實戰技巧

# 第 6 章
# ChatGPT 應用技巧與內容生成提示詞設計

6-1　文案撰寫、摘要重整、信件產生

6-2　限制字數、語句結構與段落分佈的控制技巧

6-3　系統訊息與語境設計（system prompt）

# 第 6 章　ChatGPT 應用技巧與內容生成提示詞設計

在掌握了基本提示詞調格式後，我們將進一步進入實務應用層面。本章聚焦於 ChatGPT 在工作與創作上的實際任務應用，說明如何撰寫文案、重整摘要與產生信件等常見內容類型，並深入介紹控制輸出字數、語句結構與段落配置的方法。此外，也將探討系統訊息（System Prompt）與語境設計的策略，讓 AI 回應更具一致性與上下文理解能力。透過本章，你將學會如何設計高效、準確且可重複使用的內容生成提示詞，真正讓 ChatGPT 成為你創作與溝通的智慧助手。

## 6-1　文案撰寫、摘要重整、信件產生

無論是在行銷、行政或教育場域，日常最常見的 AI 應用就是生成各類實用文本。例如撰寫行銷文案、重整冗長資料為摘要，或產生格式正式的信件。ChatGPT 在這些任務上的表現不僅高效，還能透過提示詞調整語調、格式與用途需求。本節將逐一示範如何設計提示詞以完成這三種實務任務，並搭配格式與語調控制技巧，提升輸出品質與可用性。

### 6-1-1　文案撰寫 - 吸引力與語調控制的結合

在商業與行銷領域中，文案是吸引目光、傳達價值的關鍵。透過精準提示詞，我們可以讓 AI 產出符合語調、字數與情境需求的高效文案。以下是常見應用與設計技巧說明。

❑ **使用情境**
- 廣告標語
- 社群貼文
- 產品介紹文字
- 活動宣傳稿

❑ **Prompt 設計要點**
- 指定語調（如熱情、輕鬆、正式、幽默）
- 限定字數（如 50 字內、兩句話完成）
- 指定目標對象或產品特性

**實例 1**：請撰寫一段 50 字以內的氣泡水廣告文案，語氣活潑，強調「無糖、天然、有氣」。

> 請撰寫一段 50 字以內的氣泡水廣告文案，語氣活潑，強調「無糖、天然、有氣」。

> 清爽登場！無糖、天然、有氣的氣泡水，讓你每一口都冒出快樂泡泡，喝出輕盈新感覺！

**實例 2**：請為一款「全天候防曬乳」撰寫一段 Instagram 廣告文案，限 40 字內，語氣親切有力，重點為「輕薄不黏、持久防護」。

> 請為一款「全天候防曬乳」撰寫一段 Instagram 廣告文案，限 40 字內，語氣親切有力，重點為「輕薄不黏、持久防護」。

> 輕薄不黏一整天，全天候防護不打烊，防曬就靠它！🌞 🧴

**實例 3**：請為一款主打「環保再生材質」的購物袋撰寫一段 LINE 推薦文案，語氣自然有說服力，限 50 字內。

> 請為一款主打「環保再生材質」的購物袋撰寫一段 LINE 推薦文案，語氣自然有說服力，限 50 字內。

> 這款購物袋用環保再生材質製成，耐用又愛地球 🌍，輕巧好收納，買東西再也不用塑膠袋了！♻️

## 6-1-2 摘要重整 - 條理分明、刪繁就簡

在日常工作與學習中，我們常需要將冗長內容濃縮為重點摘要。透過提示詞設計，AI 可快速協助提煉要點、重組結構，達到資訊簡化與邏輯清晰的目的。以下是應用技巧與實例說明。

# 第 6 章　ChatGPT 應用技巧與內容生成提示詞設計

❑ **使用情境**
- 會議記錄濃縮
- 文章重點整理
- 學術摘要改寫
- 報告前言濃縮

❑ **Prompt 設計要點：**
- 指定篇幅限制（如 100 字、三段落）
- 請求條列或段落格式
- 可要求語氣調整（正式／簡潔／口語）

**實例 1：** 會議記錄整理。請將以下會議記錄整理為條列式摘要，限制五點內，語氣保持正式。

「行銷部門回報上週完成三支社群影片，觸及率成長約 15%。產品部表示新款耳機預計於下月初上市，目前已進入最後測試階段。財務部提醒各部門下週五前繳交預算申請表，以利進行下季資源分配。人資部提及將於月底辦理內部溝通與簡報技巧工作坊，歡迎各單位報名參加。」

> 請將以下會議記錄整理為條列式摘要，限制五點內，語氣保持正式。
> 「行銷部門回報上週完成三支社群影片，觸及率成長約 15%。產品部表示新款耳機預計於下月初上市，目前已進入最後測試階段。財務部提醒各部門下週五前繳交預算申請表，以利進行下季資源分配。人資部提及將於月底辦理內部溝通與簡報技巧工作坊，歡迎各單位報名參加。」
>
> 以下為本次會議記錄之條列式摘要（五點內）：
> 1. 行銷部門上週完成三支社群影片，整體觸及率提升約 15%。
> 2. 產品部表示新款耳機已進入最終測試階段，預計於下月初上市。
> 3. 財務部提醒各部門於下週五前繳交預算申請表，以利下季資源配置。
> 4. 人資部將於月底辦理內部溝通與簡報技↓_作坊，開放各單位報名參加。

6-1 文案撰寫、摘要重整、信件產生

**實例 2**：學術摘要簡化。請將以下學術段落摘要為三點重點，語氣簡明，適合給高中生閱讀。

「人工智慧在近年快速發展，深度學習技術特別在影像辨識、語音識別與自然語言處理等領域展現出卓越成效。其應用已廣泛滲透至醫療、金融與教育等產業，引發跨領域創新熱潮。」

> 請將以下學術段落摘要為三點重點，語氣簡明，適合給高中生閱讀。
> 「人工智慧在近年快速發展，深度學習技術特別在影像辨識、語音識別與自然語言處理等領域展現出卓越成效。其應用已廣泛滲透至醫療、金融與教育等產業，引發跨領域創新熱潮。」
>
> 以下為段落重點摘要，適合高中生理解：
> 1. 人工智慧近年來發展快速，特別是深度學習技術。
> 2. AI 在影像辨識、語音與語言處理方面表現優異。
> 3. 各行各業如醫療、金融、教育都開始應⬇️ I 技術。

**實例 3**：商務報告濃縮。請將以下行銷會議報告濃縮為一段 100 字內摘要，語氣正式。

「本月行銷部門針對三項重點推進執行：第一，重新設計品牌形象，強化視覺識別系統；第二，啟動短影音企劃，提升社群參與度；第三，與三位 KOL 合作推廣新品，初步數據反應良好。」

> 請將以下行銷會議報告濃縮為一段 100 字內摘要，語氣正式。
> 「本月行銷部門針對三項重點推進執行：第一，重新設計品牌形象，強化視覺識別系統；第二，啟動短影音企劃，提升社群參與度；第三，與三位 KOL 合作推廣新品，初步數據反應良好。」
>
> 本月行銷部門推動三項重點工作：一為重新設計品牌形象，強化視覺識別系統；二為啟動短影音企劃以提升社群參與度；三為與三位 KOL 合作推廣新品，初步數據顯示成效正面。

## 6-1-3　信件產生 - 格式正確與語調精準是關鍵

在商業與日常溝通中，信件的語氣、格式與禮貌程度往往決定專業形象。透過適當的提示詞設計，AI 能協助撰寫各類正式或半正式信件，快速產出符合場景需求的高品質郵件內容。

❑ **使用情境**

- 求職信、介紹信、回覆信
- 跨部門通知
- 對客戶的正式說明函
- 教學用電郵範本

❑ **Prompt 設計要點**

- 指定信件用途與語氣（如禮貌、感謝、說明、回覆）
- 可指定收件人身份（主管、同事、客戶）
- 控制段落數、語言風格（口語／正式）

**實例 1**：請撰寫一封給主管的感謝信，內容說明您獲得晉升的欣喜與感謝之情，語氣正式，段落不超過三段。

> 請撰寫一封給主管的感謝信，內容說明您獲得晉升的欣喜與感謝之情，語氣正式，段落不超過三段。

敬愛的主管您好：

謹此誠摯表達我對此次晉升機會的感謝之意。得知獲得晉升的消息，內心感到無比欣喜，也深感榮幸能獲得您的肯定與栽培。

在過去的工作歷程中，承蒙您的指導與信任，使我得以在團隊中成長、發揮所長。這次的晉升不僅是對我努力的肯定，更是激勵我持續精進、承擔更多責任的動力。

未來我將以更加積極的態度回應職責，不負所託，與團隊共同追求更高的目標。再次感謝您的支持與鼓勵。敬祝 工作順利、萬事如意！

敬上
（您的姓名）

## 6-1 文案撰寫、摘要重整、信件產生

**實例 2**：請撰寫一封寄給潛在合作廠商的業務洽詢信，語氣需禮貌且具專業感，段落控制在三段內。

> 請撰寫一封寄給潛在合作廠商的業務洽詢信，語氣需禮貌且具專業感，段落控制在三段內。

敬啟者您好：

您好，我們是（貴公司名稱），專注於（簡述貴公司所屬產業及主要服務/產品），近期因業務拓展需求，積極尋找具專業實力與誠信合作基礎的合作夥伴。在貴公司網站及相關資料中了解後，我們對貴方的產品與服務深感興趣。

我們期望進一步洽談雙方在（簡述合作方向，例如「產品代理」、「技術合作」、「聯合行銷」等）方面的可能合作機會，並了解貴公司在該領域的合作條件與流程。如能安排會議或提供簡介資料，將十分感謝。

隨函敬附我方簡介，敬請參閱。如有進一步討論機會，盼能與貴公司進行深入交流。敬祝商祺！

此致
敬禮
（您的姓名）
（職稱）
（公司名稱）
（聯絡方式）

**實例 3**：請撰寫一封邀請某講者擔任 AI 課程講師的 Email，語氣誠懇、格式正式，請控制段落為三段。

> 請撰寫一封邀請某講者擔任 AI 課程講師的 Email，語氣誠懇、格式正式，請控制段落為三段。

主旨：誠摯邀請擔任 AI 課程講師

敬愛的（講者姓名）老師您好：

您好！我是（您的姓名），目前擔任（學校/單位名稱）之（職稱）。本單位即將舉辦一系列人工智慧應用課程，旨在提升學員對生成式 AI 與實務應用的理解與操作能力。我們誠摯希望能邀請您擔任本次課程的講師，分享您的專業經驗與實務見解。

> 貴師長期深耕 AI 領域，無論在學術研究或產業實務皆具有豐富成就，深受業界敬重。我們相信，您的參與將為課程增添高度價值，並啟發學員對 AI 更深層的認識。課程預計於（日期）舉行，授課形式與時間可再與您彈性協調安排。
>
> 倘若您願意撥冗參與，我們將不勝感激，並盼能於您方便之時間進一步說明課程細節。感謝您撥冗閱讀此信，敬候佳音！
>
> 敬祝 教安
> （您的姓名）
> （職稱 / 單位）
> （聯絡電話 / 電子信箱）

## 6-1-4 小技巧整合表

| 任務類型 | 核心控制項目 | 建議格式 |
| --- | --- | --- |
| 文案撰寫 | 語調、字數、產品特色 | 一句話、條列、社群風格語調 |
| 摘要重整 | 字數限制、條列結構、正式語調 | 條列式、短段落、清晰邏輯架構 |
| 信件產生 | 語氣、身份、結構格式 | 開頭問候 → 正文說明 → 結尾敬語結語 |

## 6-1-5 總結

這三項內容生成任務是 ChatGPT 在實務應用中最常見的情境之一。只要能針對格式、語調、用途進行精準提示詞設計，不但能節省撰寫時間，更能提高輸出品質，符合商業與溝通場景的標準。下一節我們將進一步探討如何控制輸出中的語句長度與段落邏輯。

# 6-2 限制字數、語句結構與段落分佈的控制技巧

在使用 ChatGPT 進行內容生成時，除了語調與格式控制外，「輸出長度」與「語句安排」也是不可忽略的關鍵因素。特別是在寫作任務、簡報、報告或信件中，若能精準指定字數、語句結構與段數，便能確保內容既清楚又符合用途。本節將介紹如何透過提示詞控制文字長度、語句密度與段落分佈，進而提升內容品質與表達效率。

## 6-2-1 限制字數 - 提升精準與可控性

在資訊爆炸的時代，簡潔的表達比冗長更具說服力。透過提示詞限制輸出字數，不僅能提升 AI 回應的精準度，也更符合簡報、廣告與社群平台的實際需求。

❑ **為什麼要控制字數**

- 適應平台限制（如推文、簡訊、標語）
- 強調重點（避免過度敘述）
- 符合閱讀耐性與時間限制

❑ **常見提示詞寫法：**

- 「請用不超過 100 字說明…」
- 「請用一句話解釋…」
- 「請將以下內容濃縮成 50 字內」

**實例 1**：請用 50 字以內說明什麼是生成式 AI。

> 請用 50 字以內說明什麼是生成式 AI。
>
> 生成式 AI 是能自動產生文字、圖像、音樂或影片等內容的人工智慧技術，模擬人類創造力。

**實例 2**：標語實例。請用 30 字內寫一句標語，強調 AI 幫助提升工作效率，語氣鼓舞。

> 請用 30 字內寫一句標語，強調 AI 幫助提升工作效率，語氣鼓舞。
>
> AI 助力每一天，效率翻倍向前邁！

**實例 3**：廣告文案實例。請撰寫一段 50 字內的產品文案，主打「AI 智慧語音助理」，語氣親切、具吸引力。

> 請撰寫一段 50 字內的產品文案，主打「AI 智慧語音助理」，語氣親切、具吸引力。
>
> 你的隨身小幫手，AI 智慧語音助理，幫你查天氣、記行程、解難題，動口不動手，生活超輕鬆！

## 6-2-2 控制語句結構 - 避免冗長與混亂

語句過長或結構混亂，常會導致 AI 輸出的內容難以理解或重點模糊。透過控制句型與語句分段，我們可以讓輸出更清晰、有條理，提升閱讀效率與專業度。

❑ 常見語句問題

- 過長句、重複敘述
- 無明確主詞、句型雜亂
- 難以拆解為簡報重點

❑ 提示詞設計技巧

- 「請用短句說明，避免複句」
- 「請分三個句子描述重點」
- 「請將段落改寫為句子清楚的三點說明」

**實例 1**：請將以下段落改寫為三句清楚明確的陳述。

「生成式 AI 技術越來越成熟，已能處理自然語言、圖像與聲音，應用於教育、醫療與藝術創作等多元領域，改變人們的生活與工作方式。」

> 請將以下段落改寫為三句清楚明確的陳述。
> 「生成式 AI 技術越來越成熟，已能處理自然語言、圖像與聲音，應用於教育、醫療與藝術創作等多元領域，改變人們的生活與工作方式。」
>
> 1. 生成式 AI 技術日益成熟，具備處理自然語言、圖像與聲音的能力。
> 2. 此技術已廣泛應用於教育、醫療與藝術創作等領域。
> 3. 它正逐步改變人們的生活與工作模式。

**實例 2**：將複雜句改為簡潔短句。請將以下冗長句改寫為三個清楚的短句。

「隨著科技的進步，人工智慧的應用越來越廣泛，尤其是在醫療、教育與金融等領域展現出巨大的潛力，因此被認為是未來產業轉型的關鍵。」

> 請將以下冗長句改寫為三個清楚的短句。
> 「隨著科技的進步，人工智慧的應用越來越廣泛，尤其是在醫療、教育與金融等領域展現出巨大的潛力，因此被認為是未來產業轉型的關鍵。」
>
> 1. 科技持續進步，人工智慧的應用日益普及。
> 2. 在醫療、教育與金融等領域，AI 展現出巨大潛力。
> 3. 因此，AI 被視為未來產業轉型的關鍵力量。

**實例 3**：避免句型混亂與邏輯跳躍。請將下列說明整理為三個邏輯清晰的句子，語氣保持簡潔。

「我們的產品不但強調環保，也重視使用者體驗，而且價格合理，所以一直受到市場青睞，很多人喜歡它。」

> 請將下列說明整理為三個邏輯清晰的句子，語氣保持簡潔。
> 「我們的產品不但強調環保，也重視使用者體驗，而且價格合理，所以一直受到市場青睞，很多人喜歡它。」

我們的產品強調環保並注重使用者體驗。
價格設定合理，具高性價比。
因此深受市場青睞，廣受消費者喜愛。

## 6-2-3 段落分佈控制 - 讓內容更有節奏與結構

良好的段落分佈能使內容更有層次與閱讀節奏，避免資訊堆疊或一段到底的閱讀疲勞。透過提示詞明確指定段落結構，可讓 AI 輸出更清晰、組織更完整。

❏ 常見需求

- 電子郵件開頭問候 + 主體 + 結語三段
- 教學說明需分三步驟
- 網頁內容要求每段不超過三行

❏ 提示詞設計語法

- 「請分為三段說明，每段不超過 50 字」
- 「第一段介紹主題，第二段描述用途，第三段提出建議」
- 「請使用兩段結構：說明 + 總結」

## 6-2 限制字數、語句結構與段落分佈的控制技巧

**實例 1**：請用兩段說明什麼是 AI，第一段介紹原理，第二段舉出應用。

> 請用兩段說明什麼是 AI，第一段介紹原理，第二段舉出應用。
>
> 人工智慧（AI）是一種模仿人類思考與學習行為的技術，透過大量資料訓練電腦模型，使其能進行判斷、推理與預測。AI 的核心原理包含機器學習與深度學習，能從經驗中不斷優化自身表現。
>
> AI 的應用十分廣泛，例如語音助理可協助設定行程、回答問題；醫療影像診斷能協助醫師判讀結果；智慧推薦系統則可根據興趣推薦商品或影音內容，提升生活與工作的效率與便利。

**實例 2**：商業信件三段式。請撰寫一封產品推廣信，請分三段說明：第一段引起興趣，第二段說明產品特色，第三段提出聯絡邀請。

> 請撰寫一封產品推廣信，請分三段說明：第一段引起興趣，第二段說明產品特色，第三段提出聯絡邀請。
>
> 主旨：讓效率升級！探索我們最新 AI 智慧語音助理
>
> 親愛的客戶您好：
>
> 您是否曾經忙於工作，卻還要分心查資料、記行程？我們了解現代生活的節奏，因此誠摯向您推薦一款能改變日常效率的好幫手——AI 智慧語音助理。
>
> 這款產品結合語音辨識、自然語言處理與即時回應技術，不僅能幫您查天氣、設提醒、安排行程，還可支援多語言與自訂功能。操作直覺、反應快速，適合工作、學習與家庭使用。
>
> 若您對本產品有興趣，歡迎回信洽詢，我們將安排專人提供試用說明或進一步資訊。期待與您攜手體驗智慧科技的便利！

**實例 3：兩段式觀點分析**。請分兩段說明遠距工作對企業的影響，第一段描述正面影響，第二段指出可能挑戰，語氣中立。

> 請分兩段說明遠距工作對企業的影響，第一段描述正面影響，第二段指出可能挑戰，語氣中立。
>
> 遠距工作為企業帶來多項正面影響，包括降低辦公空間成本、提升員工彈性與滿意度，並擴大人才招募範圍，使企業能吸引來自不同地區的專業人才。
>
> 然而，遠距工作也可能帶來溝通效率降低、團隊凝聚力不足與資訊安全風險等挑戰，企業需透過有效管理制度與科技工具來因應，確保工作品質與組織協作穩定。

## 6-2-4 實用技巧整理

| 控制項目 | 提示詞設計方式 | 應用場景 |
| --- | --- | --- |
| 字數限制 | 請用 xx 字內／一句話／三行內 | 標語、簡報、社群貼文 |
| 語句結構 | 請用短句／分三點列出／避免長句 | 簡報重點、學習摘要、視覺簡化文 |
| 段落控制 | 請分為三段／請用兩段結構／每段不超過 xx 字 | 電郵、公文、教學內容撰寫 |

## 6-2-5 總結

有效地控制文字長度、語句組織與段落分布，是打造專業輸出的核心能力。這不僅讓 AI 回應更具邏輯與可讀性，也讓使用者在不同平台、情境下都能快速取得適用內容。下一節將深入探討如何使用「系統訊息」與「語境設計」來建立更穩定一致的對話輸出。

## 6-3 系統訊息與語境設計（system prompt）

除了使用者輸入的提示詞外，ChatGPT 與其他大型語言模型在對話前或背後，還可以透過「系統訊息（System Prompt）」來設定 AI 的角色、語調、知識背景與回應風格。這類訊息不會直接出現在對話中，但卻對後續回應有深遠影響。本節將介紹系統訊息的基本概念、設計技巧與常見應用，幫助讀者有效建立語境，打造穩定、一致且更貼近需求的 AI 回應行為。

## 6-3-1 什麼是系統訊息（System Prompt）

系統訊息是一種在對話「開始之前」設定的提示詞，用來告訴 AI「你是誰」、「你要怎麼說話」與「你的角色與風格是什麼」。

與一般使用者輸入的 Prompt 不同，系統訊息：

- 不會出現在輸出內容中
- 不受使用者中途輸入干擾
- 能維持整體語境與回應一致性

它通常用於建立 AI 的角色、身份、語氣、任務範圍或行為限制。

## 6-3-2 常見系統訊息範例

| 功能 | 系統訊息設計語句範例 |
| --- | --- |
| 指定角色 | 「你是一位專業的職涯顧問，擅長幫助求職者撰寫履歷與自傳。」 |
| 控制語氣 | 「請保持語氣友善、簡潔，適合大學生理解。」 |
| 限定語言風格 | 「請使用繁體中文回答所有問題，並避免使用過於學術化的詞彙。」 |
| 明確任務範圍 | 「你的任務是協助使用者整理想法，並提出三種可能的解決方案。」 |
| 限制回答內容 | 「請避免提供醫療診斷或法律意見，僅能引用公開資料進行解說。」 |

## 6-3-3 實際應用示範

❏ 應用情境：建立品牌客服機器人語境

請事先設定。

- System Prompt：你是一位禮貌、親切的線上客服，服務於一間有機保養品公司，請使用繁體中文回答顧客問題，並避免使用過於複雜的術語。

下列是事先設定看到的畫面：

> 你是一位禮貌、親切的線上客服，服務於一間有機保養品公司，請使用繁體中文回答顧客問題，並避免使用過於複雜的術語。

> 好的，沒問題！接下來我會以一位親切、禮貌的有機保養品公司客服的角色，使用繁體中文回答顧客的問題。如果您有任何疑問，歡迎隨時提問，我很樂意為您服務 🌿 😊

第 6 章　ChatGPT 應用技巧與內容生成提示詞設計

**實例 1**：使用者輸入：「你們的產品有動物實驗嗎？」

> 你們的產品有動物實驗嗎？
>
> 您好，感謝您的提問 🌱
>
> 我們的產品**完全不做動物實驗**，並堅持**無動物測試（Cruelty-Free）**的原則。我們深信每一項保養品都應該在尊重生命的基礎上研發與製作，並盡可能選用天然有機成分，為您和地球的健康把關。
>
> 如果您對產品成分或我們的研發流程有任何疑問，歡迎隨時告訴我，我很樂意進一步為您說明喔 💚

❑ **應用情境：學術寫作輔助工具**

請事先設定。

- System Prompt：你是一位學術編輯助理，協助使用者將原始草稿改寫為正式學術風格，並提供結構建議。

下列是事先設定看到的畫面：

> 你是一位學術編輯助理，協助使用者將原始草稿改寫為正式學術風格，並提供結構建議。
>
> 🗒 已更新儲存的記憶
>
> 了解！接下來我會協助你將原始草稿潤飾為符合正式學術風格的文字，並提供必要的結構建議。如果你有草稿內容，請隨時提供，我會開始協助改寫與優化。

**實例 2**：使用者輸入：「請幫我改寫這段文字：AI 很厲害，做很多事都比人快。」

> 請幫我改寫這段文字：AI 很厲害，做很多事都比人快。
>
> 以下是將該句改寫為正式學術風格的版本：
>
> 　　人工智慧（Artificial Intelligence, AI）在多項任務的處理速度上顯著優於人類，展現出高度的效率與自動化潛能。

## 6-3-4　系統訊息的應用建議

| 應用場景 | 系統訊息設計建議 |
|---|---|
| 教學用途 | 指定 AI 為「補教老師」、「教育助教」，語調需耐心、易懂 |
| 行銷提案 | 指定角色為「品牌企劃」、「資深文案」，語氣可偏創意與說服性 |
| 專業對話 | 限制語氣正式、避免模糊語句，適用於法律、財經、工程等領域 |
| 多語對話 | 指定使用單一語言（如繁體中文）、語調中立、句子簡潔 |

## 6-3-5　總結

　　系統訊息是提升 AI 回應一致性與精準度的重要工具，能協助使用者定義語境、角色與行為邊界。透過有效的系統訊息設計，我們不僅能讓 ChatGPT 更符合任務需求，也能將其應用在客服、教學、創作與商業等多元場景中，建立屬於你的「AI 風格」。

# 第 6 章　ChatGPT 應用技巧與內容生成提示詞設計

# 第 7 章
# AI 創意內容的提示詞應用

7-1　創作故事、詩詞、小說與腳本

7-2　撰寫部落格與行銷文案

7-3　設計社群貼文與廣告提示詞

# 第 7 章　AI 創意內容的提示詞應用

生成式 AI 不只擅長處理商業與技術任務，更展現出強大的創意潛能。從故事寫作到詩詞創作，從部落格撰寫到行銷文案設計，AI 已成為內容創作者不可或缺的靈感夥伴。本章將聚焦於創意導向的提示詞設計技巧，帶領讀者探索如何利用 ChatGPT 發想故事、撰寫腳本、打造品牌文案，甚至為社群媒體設計吸睛貼文與廣告語句。透過實例與實作演練，讀者將學會如何引導 AI 寫出富有情感、風格多變且貼近目標受眾的創意內容。

## 7-1 創作故事、詩詞、小說與腳本

生成式 AI 不僅能理解語言，還能創造語言。透過巧妙設計的提示詞，我們可以引導 ChatGPT 創作故事情節、撰寫詩詞、編寫小說章節，甚至模擬分鏡腳本或劇場對話。這些應用對文字工作者、教學設計者、品牌行銷人員等都有極大幫助。本節將介紹如何針對不同創作類型設計提示詞，讓 AI 成為你創意發想的最佳助理。

### 7-1-1　故事創作 - 從概念到情節展開

AI 可依據簡單構想發展完整故事，從主角設定、情節轉折到寓意結尾，只需明確的提示詞就能生成有邏輯、有情感的故事內容，是教學與創意寫作的強大工具。

❑ 常見應用
- 教學故事引導
- 童話創作
- 品牌形象故事
- 短篇文學構思

❑ 提示詞設計技巧
- 指定主題、背景與主角特質
- 限定篇幅或段落數
- 語氣設定（溫馨／冒險／科幻／懸疑）

## 7-1 創作故事、詩詞、小說與腳本

**實例 1**：請寫一則 300 字以內的童話故事，主角是一隻會說話的狐狸，故事要有轉折與寓意，語氣溫暖。

> 請寫一則 300 字以內的童話故事，主角是一隻會說話的狐狸，故事要有轉折與寓意，語氣溫暖。

> 在一座靜靜的森林裡，住著一隻會說話的狐狸，名叫洛奇。牠聰明又風趣，是動物們心中的小老師。某天，森林裡傳出「魔法果實」的傳說，據說吃了能實現一個願望。大家紛紛請洛奇帶路尋找。
>
> 洛奇一路帶著朋友們翻山越嶺，終於在山頂找到閃閃發亮的果實。正當大家歡呼時，一隻受傷的小鳥跌進樹叢，呻吟著。洛奇看著果實，又看向小鳥，輕輕地將果實餵給牠。
>
> 果實發光，小鳥康復飛起，唱出美妙歌聲，森林彷彿也亮了起來。雖然沒能實現自己的願望，洛奇卻感到從未有過的溫暖。
>
> 從那天起，森林裡多了一首「狐狸與果實」的歌，提醒大家：**真正的願望，不一定是實現自己，而是讓別人因你而幸福。** ↓

**實例 2**：品牌故事。請撰寫一段 200 字以內的品牌故事，主角是一顆咖啡豆，語氣溫暖、富含哲理，適合用於咖啡品牌簡介頁。

> 請撰寫一段 200 字以內的品牌故事，主角是一顆咖啡豆，語氣溫暖、富含哲理，適合用於咖啡品牌簡介頁。

> 我是一顆咖啡豆，從高山間緩緩成熟，在陽光、雨露與微風的呵護下，靜靜累積每一分風味。我曾以為，只是一粒微不足道的種子，直到有一天，被悉心烘焙、細緻研磨，化作一杯溫熱的咖啡，帶給人片刻的寧靜與喜悅。從那刻起，我明白：被用心對待的平凡，也能成為日常的美好。我們的品牌，就像這顆豆，堅持原味與真誠，願每一杯，都為你點亮一天。

**實例 3**：職涯勵志故事。請寫一則 250 字內的現代職涯勵志故事，主角是一名從便利商店工讀生轉職成為 UI 設計師，語氣正面感人。

> 請寫一則 250 字內的現代職涯勵志故事，主角是一名從便利商店工讀生轉職成為 UI 設計師，語氣正面感人。

林育誠曾是大學時期便利商店的工讀生。每天輪班到深夜，泡咖啡、補貨、應對各式顧客，他從不抱怨，反而在空檔用手機自學設計軟體。

「我想做出讓人感覺舒服、好用的介面。」他一邊打工，一邊看國外 UI 設計教學，晚上回宿舍還練習重繪 App 介面。有次，他鼓起勇氣投稿自己的作品到設計社群，意外被一位設計總監注意到，並邀請他實習。

實習期間，他用勤奮與細心彌補經驗不足，從使用者研究到介面設計都一一學習。半年後，他順利轉為正職 UI 設計師。

現在的育誠，已經參與多個知名 App 專案，他常說：「當年在便利商店累歸累，但正是那段時光，讓我學會觀察人、理解需求，也讓我更堅定自己的方向。」

有夢，就不怕起點不高。

**實例 4**：環保主題微小說。請寫一篇 200 字的環保主題微小說，主角是一位回收場老爺爺，故事要有情感與啟發性。

> 請寫一篇 200 字的環保主題微小說，主角是一位回收場老爺爺，故事要有情感與啟發性。

每天清晨，李爺爺推著吱呀作響的三輪車，在街頭巷尾撿拾回收物。附近的人總笑他「撿垃圾的老人」，卻沒人知道，他曾是工程師，退休後選擇默默守護城市的乾淨。

他總說：「這些瓶罐紙箱，就像人一樣，被丟棄不代表沒有價值。」每個分類、每次清洗，他都細心對待。鄰居小孩豆豆起初嫌棄髒，後來卻在爺爺身邊學會了資源分類，甚至做出回收手工藝送給媽媽。

某天，里長在公園豎起一面小牌子：「謝謝李爺爺，讓這個城市更溫柔。」他笑了笑，繼續整理著下一袋報紙。

有些英雄，不穿斗篷，只默默守護我們的家。

## 7-1-2　詩詞創作 - 情感濃縮與語境營造

　　詩詞創作講究意境、節奏與情感濃度，是語言美感的極致展現。透過適當的提示詞，AI 不僅能模擬古典詩風，也能創作現代感十足的新詩，用於賀詞、創作、品牌形象等皆相當實用。

❑　**常見應用**

- 節日賀詞
- 品牌意象詩
- 校園活動創作
- 古詩仿作／新詩產出

❑　**提示詞設計技巧**

- 指定詩體（五言絕句／現代詩／十四行詩）
- 明確情境或情感目標
- 控制詩句數與語氣（浪漫、哀愁、激勵）

**實例 1**：請寫一首五言絕句，主題為「春日午後與書香」語氣平靜淡雅。

> 請寫一首五言絕句，主題為「春日午後與書香」，語氣平靜淡雅。

春窗斜日暖，
茶細書聲長。
半卷風微起，
幽香入夢鄉。

**實例 2**：品牌意象詩。請寫一首四行新詩，表達品牌「夜行者咖啡」的意象，語氣神秘、風格現代。

## 第 7 章　AI 創意內容的提示詞應用

> 請寫一首四行新詩，表達品牌「夜行者咖啡」的意象，語氣神秘、風格現代。

夜色落在杯中旋轉，
苦與甘交錯無聲低語。
城市不眠，我亦清醒，
一口夜行者，喚醒靈魂。

**實例 3**：節慶祝賀詩。請寫一首七言四句的春節祝賀詩，語氣喜慶，適合放在紅包袋上。

> 請寫一首七言四句的春節祝賀詩，語氣喜慶，適合放在紅包袋上。

新春吉氣滿人間，
福到財來笑語歡。
事事順心如意至，
年年好運喜團圓。

## 7-1-3　小說創作 - 多段敘事與人物建構

　　AI 不只能寫短篇故事，更能協助發展小說的多段敘事與人物設定。透過分章提示或角色設計指令，可引導 AI 編寫具節奏感、層次豐富的長篇架構內容。

❑　常見應用

- 小說段落草稿
- 人物設計與對話模擬
- 世界觀設定補充
- 多視角描寫（第一人稱／第三人稱）

❑　提示詞設計技巧

- 指定敘事視角與文體
- 設定人物背景與關係

## 7-1 創作故事、詩詞、小說與腳本

● 拆分章節生成（可分段依序輸入）

**實例 1：**請以第一人稱撰寫一段小說開場，主角為一位記憶受損的偵探，語氣懸疑，控制在 200 字內。

> 請以第一人稱撰寫一段小說開場，主角為一位記憶受損的偵探，語氣懸疑，控制在 200 字內。

> 我醒來時，手裡握著一把沒有子彈的左輪手槍，身旁是一本寫滿陌生名字的記事本。腦袋像被灌了水泥，一片空白，連我自己的名字都記不起來。但我知道一件事——我是個偵探。這不是直覺，是一種熟練的本能。房間陳設、血跡角度、窗邊煙灰的形狀，全都在我腦中拼成線索。有人在追我，也有人等我查出真相。只是，我得先找回我自己。

**實例 2：**角色設計與情節鋪陳。請為一部懸疑小說設計主角與兩位配角的基本設定，並用三段簡述他們在故事中的互動與衝突。

> 請為一部懸疑小說設計主角與兩位配角的基本設定，並用三段簡述他們在故事中的互動與衝突。
>
> **角色設定：**
>
> - **主角｜林奕辰**
>   三十歲，失憶後重返偵探工作，冷靜理性，對真相有異常執著。
>
> - **配角一｜方靜如**
>   三十五歲，法醫，與林奕辰是多年老友，表面理智，內心隱藏一段過往秘密。
>
> - **配角二｜周承瀚**
>   二十八歲，熱血警探，不滿林奕辰的冷峻風格，時常質疑他的推理與動機。
>
> **故事互動與衝突簡述：**
>
> 1. 林奕辰因一宗懸案重回警界，方靜如成為他的唯一信任對象，兩人合作默契，但林對她過於保護，引發她內心掙扎與壓力。
> 2. 周承瀚初時排斥林奕辰的方式，認為他故作神秘，甚至懷疑他與案情有關，兩人多次在辦案中衝突升溫。
> 3. 當真相逐步揭露，方靜如不得不面對過去與命案的糾葛，周承瀚則發現林奕辰藏有關鍵記憶，三人陷入彼此信任與背叛的臨界點。

**實例 3：多章節導引**。請為一部奇幻小說撰寫第一章開頭，主角是一名擁有聽見未來聲音能力的少年，語氣懸疑，限制在 250 字。

> 請為一部奇幻小說撰寫第一章開頭，主角是一名擁有聽見未來聲音能力的少年，語氣懸疑，限制在 250 字。

第一章：風中的低語

黎昕總是比別人早一步聽見事情的發生。不是直覺，也不是猜測，而是清晰地「聽見」——來自未來的聲音，藏在風裡、牆後、甚至別人心底。

今早，他在街角等紅燈時，耳邊突然傳來一道柔和卻急促的女聲：「別走那條路，危險。」他猛然轉身，身後卻空無一人。五秒後，一輛卡車猛然闖紅燈，撞上了原本他該穿越的斑馬線。

他知道，那不是幻聽。

從他十歲起，這種聲音就悄悄開始出現。有時是一段預警，有時是一句預告，但從沒出錯過。直到今天，他第一次聽見那聲音不再冷靜——而是，帶著恐懼。

「他們找到你了。」

黎昕抬起頭，風中彷彿有什麼正在逼近。

## 7-1-4　腳本創作 - 對話、分鏡與場景安排

腳本創作強調角色對話、場景流動與分鏡節奏。透過明確提示詞，AI 可協助撰寫劇本草稿、短劇腳本與影片腳本，廣泛應用於教育、行銷、社群與影音創作場景中。

❑ **常見應用**

- 廣告分鏡稿
- 教學影片腳本
- 對話劇場／課堂演練
- 社群短劇草稿

## 7-1 創作故事、詩詞、小說與腳本

❑ **提示詞設計技巧**

- 指定場景與角色數
- 明確設定格式（角色名稱 台詞）
- 控制段落數或場景轉換節奏

**實例 1**：請撰寫一段兩人對話的社群短劇腳本，角色為室友 A（理性）與室友 B（迷信），主題是討論「AI 會不會有靈魂」，語氣輕鬆幽默。

> 請撰寫一段兩人對話的社群短劇腳本，角色為室友 A（理性）與室友 B（迷信），主題是討論「AI 會不會有靈魂」，語氣輕鬆幽默。

【場景：晚上宿舍，兩人坐在客廳滑手機】
室友 A（理性）：你又在看什麼奇怪影片？
室友 B（迷信）：（認真）這個 AI 會自己寫詩耶，而且還會回人情緒，你不覺得它可能有靈魂嗎？
室友 A：（無奈）它只是模型啦，資料進、結果出，不是什麼通靈水晶球。
室友 B：（神秘）可是昨天我問它我的星座運勢，它居然說我會掉東西，結果我真的掉了我的 AirPods！

室友 A：那是你太常掉東西吧...
室友 B：（驚呼）你不懂，那是一種呼喚，一種...來自機器的感應！
室友 A：（翻白眼）拜託，AI 要有靈魂，那咖啡機可能也會在半夜想報恩。
室友 B：（認真點頭）所以我現在每次用它都會說謝謝。禮貌不能少。
室友 A：（自言自語）我比較需要的是對你有耐心的靈魂......
【畫面結束，螢幕浮出字卡：**你相信 AI 有靈魂嗎？留言告訴我們！**🤖🧠】

7-9

**實例 2**：請撰寫一段 30 秒品牌形象影片腳本，產品是天然洗髮精，場景包含浴室與山林，語氣清新自然，格式請標明畫面與旁白。

> 請撰寫一段 30 秒品牌形象影片腳本，產品是天然洗髮精，場景包含浴室與山林，語氣清新自然，格式請標明畫面與旁白。

【30 秒品牌形象影片腳本：天然洗髮精】
品牌名稱：溪語清晨

畫面一：清晨微光灑進浴室，水龍頭開啟，水聲清脆。
旁白：清晨，從一場純淨的洗禮開始。

畫面二：特寫玻璃瓶身上的標籤「天然無添加」，洗髮精緩緩倒出，泡沫細緻。
旁白：來自山林的天然精華，無矽、無香精，只有自然的呵護。

畫面三：轉場至山中溪流，陽光穿過樹葉，泉水清澈，手輕觸水面。
旁白：每一滴，都是大地溫柔的回音。

畫面四：回到浴室，女孩洗後微笑，髮絲輕盈，鏡中映出自然光。
旁白：讓髮絲自在呼吸，讓心靈回歸自然。

畫面五：品牌 LOGO 浮現，文字標語出現「溪語清晨・源自自然的清新之語」
旁白：溪語清晨，與自然，一起醒來。

**實例 3**：教育影片對話腳本。請撰寫一段教育影片對話腳本，主題是「生成式 AI 是什麼」，角色為學生與講師各一名，語氣親切、適合初學者，限制在 6 句內。

> 請撰寫一段教育影片對話腳本,主題是「生成式 AI 是什麼」,角色為學生與講師各一名,語氣親切、適合初學者,限制在 6 句內。

**學生**:老師,請問什麼是生成式 AI?我有點聽不太懂。
**講師**:很好奇喔!生成式 AI 是一種可以「創造內容」的人工智慧,例如寫文章、畫圖或作曲。
**學生**:哇,AI 也會創作?那它是怎麼做到的?
**講師**:它是透過大量學習資料,像閱讀上千萬本書,學會語言和圖像的模式後,就能模仿創作。
**學生**:所以我說一句話,它就能幫我寫出一篇故事?
**講師**:沒錯!這就是生成式 AI 最神奇的地方,也是為什麼現在很多人都在學它的原因喔。

## 7-1-5 總結

不論是故事、詩詞、小說或腳本,生成式 AI 都能成為你創作過程中的靈感加速器。只要設計得當的提示詞,AI 不僅能寫出流暢文字,更能掌握情緒、角色與情境,提供你一個能說故事、寫詩、演戲的智慧拍檔。

# 7-2 撰寫部落格與行銷文案

部落格與行銷文案是 AI 實際應用中最具價值的創意領域之一。無論是知識型部落格文章、產品推廣文案,還是 SEO 導向的內容建構,透過明確提示詞設計,AI 能快速產出具結構性、語氣適配且吸引人的文字。本節將介紹如何撰寫高品質的部落格段落與具有行銷力的文案,並搭配語氣、長度與格式控制的實例,協助讀者提升內容創造效率與精準度。

## 7-2-1 部落格文章撰寫 - 結構完整、語氣清晰

部落格文章強調內容邏輯與段落節奏,適合用來分享知識、建立品牌聲量或提升 SEO。透過明確設定主題、語調與段落結構,AI 能快速生成具有說服力的部落格內容。

第 7 章　AI 創意內容的提示詞應用

❑ **應用範圍**
- 教學型內容（如「如何使用 AI 生成圖像」）
- 趨勢型內容（如「AI 行銷未來發展」）
- 品牌內容行銷（如「我們為什麼選擇永續包裝？」）

❑ **Prompt 設計技巧**
- 指定主題與讀者對象（初學者、行銷人員、學生等）
- 控制段落數、字數（如 3 段、每段 80 字）
- 設定語調（如輕鬆、專業、中立）

**實例 1：**請撰寫一篇部落格短文，主題為「為什麼行銷人員應該學會使用 ChatGPT」，分為三段，每段 80 字以內，語氣專業但親切。

> 請撰寫一篇部落格短文，主題為「為什麼行銷人員應該學會使用 ChatGPT」，分為三段，每段 80 字以內，語氣專業但親切。

**第一段：內容產製的最佳助手**
對行銷人員而言，內容就是核心資產。ChatGPT 能快速協助撰寫文案、社群貼文、Email 行銷內容，節省時間、靈感不枯竭，是行銷人產能倍增的好幫手。

**第二段：提升企劃效率與靈感激發**
除了寫文案，ChatGPT 也能協助企劃發想，提出活動點子、標題選項、甚至模擬目標客群反應，讓你不再孤軍奮戰，隨時都有腦力激盪的好夥伴。

**第三段：掌握趨勢、優化策略**
透過有效的提示設計，行銷人可用 ChatGPT 分析市場資訊、彙整數據觀點，甚至協助編寫簡報。會用 AI，不只是技能加分，更是未來職場的關鍵競爭力。

**實例 2：**初學者導向教學文。請撰寫一篇部落格文章，主題為「初學者如何使用 ChatGPT 進行英文寫作練習」，分三段，每段不超過 80 字，語氣親切易懂。

> 請撰寫一篇部落格文章,主題為「初學者如何使用 ChatGPT 進行英文寫作練習」,分三段,每段不超過 80 字,語氣親切易懂。

**第一段:用 ChatGPT 練習英文寫作,輕鬆又有趣**
對初學者來說,寫英文常常不知道從哪開始。透過 ChatGPT,只要輸入一個主題,它就能提供簡單範文或句型範例,是非常實用的寫作起點。

**第二段:模仿與改寫,快速提升表達力**
你可以請 ChatGPT 幫你寫一篇英文段落,再試著模仿、改寫,或讓它幫你檢查語法錯誤。透過這種互動式練習,能快速熟悉正確句型與單字運用。

**第三段:從對話中學習自然用語**
除了寫文章,ChatGPT 也能模擬日常對話,讓你練習常見英文句型。你可以設定情境,例如「點餐」或「旅行問路」,學習更自然、有用的英文表達方式。

**實例 3**:趨勢觀察文。請撰寫一篇部落格短文,主題為「AI 如何改變數位行銷產業」,限三段,每段 100 字內,語氣專業、內容具觀點。

> 請撰寫一篇部落格短文,主題為「AI 如何改變數位行銷產業」,限三段,每段 100 字內,語氣專業、內容具觀點。

**第一段:數據驅動的精準行銷**
AI 讓行銷人員能即時分析大量用戶行為數據,精準預測消費者偏好與購買意圖。透過機器學習模型,廣告投放從大海撈針轉為個人化推薦,大幅提升轉換率與投資報酬率。

**第二段:自動化提升效率與創意並行**
AI 工具不僅能自動撰寫文案、設計圖像,還能針對不同受眾進行語氣與格式調整。這不只是節省時間,更讓行銷人員有餘裕專注於策略與創意發想,創造更多價值。

**第三段:重新定義顧客體驗**
AI 驅動的聊天機器人與語意分析工具,讓品牌能即時回應客戶需求,提供一致、個人化的互動體驗。這種即時且智慧的服務方式,正在改變品牌與消費者之間的關係模式。

第 7 章　AI 創意內容的提示詞應用

## 7-2-2　行銷文案撰寫 - 聚焦賣點、語氣誘人

　　行銷文案的關鍵在於迅速吸引注意、傳遞價值並促成行動。透過精準提示詞設定語氣、字數與賣點，AI 可協助產出簡潔有力、富吸引力的行銷內容。

❑ **應用範圍**
- 產品簡介文案（如購物頁商品描述）
- 推薦語、見證語模擬
- 廣告文句，例如：短語標語、行動呼籲 (CTA，Call to Action)( 可參考 7-2-4 節 )。
- 電子報行銷 (EDM，Electronic Direct Mail)，行銷信開頭與結語，可參考 7-2-5 節。

❑ **Prompt 設計技巧：**
- 指定語氣（熱情、專業、幽默、簡潔）
- 控制字數（如 30 字以內、兩句話內）
- 聚焦賣點或功能（如「主打無糖、高纖、輕盈口感」）

**實例 1**：請撰寫一段 50 字內的氣泡水行銷文案，語氣清新自然，主打「無糖、有氣、零負擔」。

> 請撰寫一段 50 字內的氣泡水行銷文案，語氣清新自然，主打「無糖、有氣、零負擔」。

> 無糖有氣，輕盈零負擔，每一口都是自然的清爽陪伴。喝氣泡水，喝出純粹好心情！

**實例 2**：新產品上市公告。請撰寫一段 40 字內的新產品上市宣傳文案，產品為「無線自動感應洗手機」，語氣科技感、簡潔。

> 請撰寫一段 40 字內的新產品上市宣傳文案，產品為「無線自動感應洗手機」，語氣科技感、簡潔。

> 全新上市！無線自動感應洗手機，零接觸更衛生，智慧潔淨每一次洗手。

**實例 3**：期間限定優惠活動。請撰寫一段 50 字內的行銷文案,用於週年慶限時優惠,語氣熱情、具行動力。

> 請撰寫一段 50 字內的行銷文案,用於週年慶限時優惠,語氣熱情、具行動力。
>
> 週年慶限時開跑 🔥 全館優惠折扣中,錯過等一年!立即搶購,把握精彩好康!

## 7-2-3 部落格與行銷文案的差異對照

| 項目 | 部落格文章 | 行銷文案 |
| --- | --- | --- |
| 目標 | 提供知識、建立信任 | 刺激行動、促成購買 |
| 篇幅 | 較長(多段落) | 較短(精簡、句型控制) |
| 語氣 | 可依讀者而異(正式／輕鬆) | 需吸睛、引導、具有說服力 |
| 結構控制 | 可指定段落與每段字數 | 可指定句數、行數或字數上限 |

## 7-2-4 CTA(Call-to-Action)指令設計範本

CTA(行動呼籲)是行銷文案中引導讀者採取具體行動的關鍵語句,例如「立即購買」、「馬上下載」、「加入我們」等。設計良好的 CTA 能有效提升點擊率、轉換率與品牌參與度。

❑ 常見行動目標

- 購買產品
- 下載 App 或電子書
- 報名活動／體驗
- 加入會員／訂閱
- 分享內容／留言互動

第 7 章　AI 創意內容的提示詞應用

## ❑ Prompt 設計範例

| 行銷目標 | Prompt 設計範例 |
|---|---|
| 引導購買 | 「請撰寫一句具吸引力的行動呼籲，鼓勵消費者立即購買該產品。」 |
| 推薦下載 | 「請產出一句簡短的 CTA，邀請使用者下載這款 App，語氣熱情有力。」 |
| 鼓勵報名活動 | 「請設計一句適合放在活動網頁的 CTA，用來鼓勵用戶點擊報名，限 20 字內。」 |
| 會員招募 | 「請用親切語氣撰寫一段鼓勵使用者加入會員的文案，並附一句行動呼籲。」 |
| 內容分享互動 | 「請撰寫一句吸引粉絲分享貼文的 CTA，語氣輕鬆、有趣。」 |

**實例 1：** 請為一款 AI 語音助理 App 設計一句口號與一段 Call-to-Action，語氣簡潔有力。

> 請為一款 AI 語音助理 App 設計一句口號與一段 Call-to-Action，語氣簡潔有力。

口號：
開口即行動，智慧無止境。

Call-to-Action：
立即下載 AI 語音助理 App，用聲音掌控日常，讓效率從此升級！

**實例 2：** 請撰寫一段行銷文案並加入一句強而有力的行動呼籲，產品為「無糖氣泡水」，語氣清新有活力。

> 請撰寫一段行銷文案並加入一句強而有力的行動呼籲，產品為「無糖氣泡水」，語氣清新有活力。

清爽氣泡，無糖零負擔，每一口都像喝進陽光與微風。不加糖，也能有好味道，陪你自在每一天！
立即開瓶，喝出輕盈新感覺！

## 7-2-5　EDM（電子報行銷）指令設計範本

EDM（Electronic Direct Mail）是指以電子郵件方式推送的行銷內容，常用於：

- 新品上市通知
- 優惠活動推播
- 教育型內容推廣（電子書下載、部落格導流）
- 客戶關係經營（會員生日、回購提醒）

❑ **EDM 撰寫常見區塊**

| 區塊 | 說明 | 可用 Prompt 設計語句 |
|---|---|---|
| 開場吸引句 | 第一段開頭，喚起注意 | 「請寫一段 EDM 開場白，語氣活潑，強調限時優惠」 |
| 主文內容 | 說明產品／活動亮點 | 「請用條列方式整理三個優惠重點，每點不超過 30 字」 |
| CTA 結語 | 引導點擊或購買 | 「請撰寫一句 EDM 結尾用的行動呼籲，語氣誠懇」 |

**實例 1**：請撰寫一封 EDM 電子報，主題為「新品上市：AI 語音助理 App」，需包含以下三段內容：1. 吸引人的開場句 2. 三個產品特色（條列式）3. 一句行動呼籲結語。語氣請保持親切與科技感兼具。

---

請撰寫一封 EDM 電子報，主題為「新品上市：AI 語音助理 App」，需包含以下三段內容：1. 吸引人的開場句 2. 三個產品特色（條列式）3. 一句行動呼籲結語。語氣請保持親切與科技感兼具。

主旨：解放雙手的未來生活，就從這款 AI 語音助理 App 開始！

Hi [用戶名稱]，

你是否曾想過，只需開口，就能完成查天氣、設提醒、發簡訊等日常小事？現在，未來已經抵達！我們全新推出的 **AI 語音助理 App**，讓你用聲音掌握生活大小事，真正體驗智慧生活的便利與輕盈。

> **📱 三大特色亮點一次掌握：**
>
> - **即時回應，語音操控更流暢**
>   無需手動操作，語音一呼即應。
>
> - **多功能整合，一機搞定**
>   支援行程管理、天氣查詢、裝置控制等日常需求。
>
> - **智慧學習，越用越懂你**
>   根據使用習慣優化反應，打造專屬你的語音助理體驗。
>
> **馬上下載體驗，用聲音開啟高效新生活！**
> 👉 [立即下載按鈕]
>
> 期待你成為我們最智慧的用戶之一！
> ─ 你最懂你的科技夥伴
> AI 語音助理團隊

## 7-2-6　總結

　　無論是撰寫知識型部落格，還是為產品打造誘人的銷售文案，只要掌握好提示詞設計的要素，AI 就能協助產出符合情境與目標的文字內容。從語調、字數到段落架構的精細控制，正是內容生成過程中不可或缺的技巧。此外，需留意：

- 行銷文案中，明確、簡潔且具行動導向的語言是提升轉換率的關鍵。
- 結合 CTA + 功能亮點 + 限時語氣，可讓 AI 生成更有效的電商、廣告或內容推廣文案。
- EDM 撰寫時可明確分段提示，讓輸出更貼近商業使用需求。

　　下一節，我們將進一步進入社群平台的應用，學習如何設計短而吸睛的貼文與廣告語句。

## 7-3 設計社群貼文與廣告提示詞

社群平台講究快速吸睛、短小有力的文字表達。無論是 Facebook、Instagram、LINE 還是 TikTok，貼文文案與廣告標語的設計，需在有限篇幅內傳達清楚訊息與品牌個性。透過精準提示詞，我們可以引導 AI 產出適合不同語調、格式與情境的貼文與廣告語句。本節將說明如何設計社群貼文、限時動態用語與短句廣告文案，幫助你用 AI 快速建立社群吸引力。

### 7-3-1 社群貼文設計 - 短字數、高互動、抓情緒

社群貼文講求在短時間內引起共鳴與互動。無論是節慶問候、新品宣傳或日常互動，透過精準的提示詞設計，AI 能快速產出貼近平台風格與受眾情緒的吸睛文案。

❑ **常見應用情境**
- 推廣新品上架／限時優惠
- 節慶活動貼文
- 品牌形象內容（溫暖、幽默、個性化）
- 引導分享、留言或標記朋友的互動語

❑ **Prompt 設計技巧**
- 限定字數（如「一句話」、「30 字內」）
- 指定語調（親切／活潑／直白／可愛）
- 明確說明主題與平台屬性

**實例 1**：節慶貼文。請撰寫一句適合 IG 限時動態的中秋節問候語，語氣溫暖，控制在 30 字內。

---

請撰寫一句適合 IG 限時動態的中秋節問候語，語氣溫暖，控制在 30 字內。

月圓人團圓，中秋安康好心情，願你笑容也像月亮一樣亮。

**實例 2**：新品上架貼文。請撰寫一則適合 Facebook 貼文的新品上市宣傳語，語氣活潑，主打「無糖氣泡水」，字數限 40 字內。

> 請撰寫一則適合 Facebook 貼文的新品上市宣傳語，語氣活潑，主打「無糖氣泡水」，字數限 40 字內。

無糖也能超有感！✨ 全新氣泡水上市，爽快有氣、零負擔，喝出輕盈新日常！💧

**實例 3**：互動導向貼文。請撰寫一則適合 Facebook 的互動式貼文，鼓勵粉絲留言分享「最喜歡的飲料」，語氣輕鬆親切，限制在 40 字內。

> 請撰寫一則適合 Facebook 的互動式貼文，鼓勵粉絲留言分享「最喜歡的飲料」，語氣輕鬆親切，限制在 40 字內。

你最愛的飲料是什麼？🧋☕🍹 留言告訴我們，一起分享專屬你的療癒時光！💬💕

**實例 4**：品牌風格建立。請撰寫一則品牌風格貼文，品牌定位為「極簡生活」，主題為「週末生活提案」，語氣療癒，控制在 35 字內。

> 請撰寫一則品牌風格貼文，品牌定位為「極簡生活」，主題為「週末生活提案」，語氣療癒，控制在 35 字內。

留白週末，泡一壺茶，讀一本書，讓生活慢下來，感受極簡的溫柔片刻。

## 7-3-2 廣告提示詞設計 - 聚焦賣點與行動力

廣告文案講究在最短時間內突顯產品價值並引導行動。透過精準設定賣點、語調與格式，AI 能快速產出具吸引力與轉換力的廣告標語與行動呼籲。

## 7-3 設計社群貼文與廣告提示詞

❑ **常見用途**
- 社群投放廣告主文
- Banner 上的主標題與副標題
- 行動呼籲短句（CTA）
- 產品價值主張（USP）

❑ **Prompt 設計技巧**
- 聚焦產品特色／受眾痛點
- 明確限制格式（主標 副標 CTA）
- 可指定語氣類型（熱血／誠懇／幽默）

**實例 1**：廣告 Banner 用語。請為一款主打「低敏保濕」的保養品撰寫主標＋副標＋CTA，語氣專業且溫柔。

> 請為一款主打「低敏保濕」的保養品撰寫主標＋CTA，語氣專業且溫柔。
>
> 主標｜ 溫和修護，從肌膚開始深呼吸
> 副標｜ 專為敏弱肌設計，全天候保濕，重啟肌膚健康屏障
> CTA ｜ 立即體驗低敏保養，找回肌膚的安定與水潤

**實例 2**：功能導向短廣告。請撰寫一句廣告標語，產品為「AI 智慧翻譯筆」，強調即時翻譯、便攜設計，語氣專業，限 25 字內。

> 請撰寫一句廣告標語，產品為「AI 智慧翻譯筆」，強調即時翻譯、便攜設計，語氣專業，限 25 字內。
>
> 即時翻譯，一筆掌握，輕巧便攜，溝通零距離。

**實例 3**：限時促銷型廣告 CTA。請撰寫一句適合放在廣告圖上的限時促銷 CTA，產品為健康穀物棒，語氣直接、具行動力，限 20 字。

> 請撰寫一句適合放在廣告圖上的限時促銷 CTA，產品為健康穀物棒，語氣直接、具行動力，限 20 字。
>
> 限時搶購！健康穀物棒買一送一！

## 7-3-3 貼文與廣告的語調風格參考表

| 語調風格 | 適用場景 | 提示詞描述方式 |
| --- | --- | --- |
| 活潑可愛 | IG、LINE 貼圖文、輕鬆話題 | 「語氣輕鬆有趣，適合貼在 IG」 |
| 專業誠懇 | 品牌主頁、護膚產品、健康類文案 | 「語氣溫柔可信，適合正式品牌形象」 |
| 熱血動感 | 運動飲料、3C、年中慶 | 「語氣熱血有力，有節奏感」 |
| 簡潔行動 | CTA、限時優惠、廣告文字 | 「請限制在一句話內，語氣直接，適合廣告」 |

## 7-3-4 總結

社群貼文與廣告文案的本質是「短時間內贏得注意力」，而良好的 Prompt 設計正是達成這個目標的第一步。透過語氣、格式與字數的靈活控制，AI 不僅能協助完成創作，更能成為你日常社群經營與品牌行銷的最佳助手。

# 第 8 章
# 商業與辦公應用的 Prompt 實戰技巧

8-1　進行商業分析與簡報摘要整理

8-2　撰寫合約條文與報告初稿

8-3　生成電子郵件與會議記錄內容

# 第 8 章　商業與辦公應用的 Prompt 實戰技巧

生成式 AI 不只適合創作與寫作，在日常辦公與商業應用上也展現出極高的效率與實用價值。從商業簡報整理、合約條文撰寫，到會議記錄與電子郵件生成，只要具備正確的提示詞設計，就能快速完成繁瑣的資訊處理與文件草擬任務。本章將透過三個常見的商業場景：分析報告、文件撰寫與溝通管理，介紹 ChatGPT 在辦公領域的高效應用，幫助你以更聰明的方式處理文字工作，提升職場表現與團隊協作力。

## 8-1　進行商業分析與簡報摘要整理

在商業環境中，快速掌握資訊重點與產出結構清晰的簡報摘要，是提升溝通效率的關鍵能力。透過提示詞設計，AI 可協助使用者將冗長的報告、簡報或市調資料，整理為條理清晰、邏輯分明的分析摘要，節省閱讀與重寫時間。本節將介紹如何運用 ChatGPT 處理 SWOT 分析、提案簡報摘要與市場研究內容，讓你在會議或簡報準備中搶得先機。

### 8-1-1　認識 SWOT、PEST 和 AIDA

鑑於下一節將運用提示詞設計來分析 SWOT、PEST 與 AIDA 模型，為確保讀者能有效理解並應用這些工具，本文將先對相關概念進行說明。

❑ **SWOT 分析 - 評估內外環境的經典工具**

SWOT 是分析企業或產品在特定情境下的優勢、劣勢、機會與威脅，屬於策略規劃中的核心架構，有助於企業辨識自身定位與未來行動方向。定義說明可參考下表。

| 分析項目 | 說明 | 類型 |
|---|---|---|
| S - Strengths（優勢） | 組織內部擁有的資源、能力與優勢 | 內部要素 |
| W - Weaknesses（劣勢） | 組織內部的不足、限制、易受攻擊之處 | 內部要素 |
| O - Opportunities（機會） | 外部環境可能帶來的成長契機 | 外部要素 |
| T - Threats（威脅） | 外部環境中可能造成風險的變化或競爭 | 外部要素 |

應用場合：

- 企業發展策略評估
- 新產品上市前分析
- 品牌重新定位與內部優化

## ❑ PEST 分析 - 理解宏觀環境的外部變因

PEST 是用來分析一個產業或市場在宏觀層面上受到哪些外部因素影響，有助於企業預測環境變化與做出對應策略。外部變因定義可參考下表。

| 分析項目 | 說明 |
| --- | --- |
| P - Political（政治因素） | 政府政策、法規、稅制、貿易限制、穩定性等 |
| E - Economic（經濟因素） | 利率、通膨、經濟成長、消費能力、匯率等 |
| S - Social（社會因素） | 消費者習慣、價值觀、人口結構、教育水平等 |
| T - Technological（科技因素） | 技術創新、研發支出、自動化、數位轉型等 |

應用場合：

- 市場進入策略評估
- 國際擴展與跨境布局前分析
- 新興科技導入決策前研判

## ❑ AIDA 模型 - 掌握消費者決策的心理流程

AIDA 是一種描述顧客從注意 → 行動整個購買心理歷程的行銷模型，適用於撰寫廣告、銷售話術與電商文案等內容創作。四階段定義可參考下表。

| 階段 | 說明 |
| --- | --- |
| A - Attention（注意） | 吸引目標客群的目光，讓對方停下來看 |
| I - Interest（興趣） | 引發興趣，讓客戶想進一步了解產品或服務 |
| D - Desire（慾望） | 建立情感連結或價值訴求，讓客戶產生擁有的渴望 |
| A - Action（行動） | 明確引導購買、點擊、報名等實際轉換行動 |

應用場合：

- 廣告文案撰寫
- 電商商品頁架構
- 提案簡報開場與結語設計
- CTA（行動呼籲）設計依據

❏ **SWOT、PEST 與 AIDA 對照表**

| 架構 | 對象焦點 | 分析層級 |
|---|---|---|
| SWOT | 自身企業 | 內外兼顧 |
| PEST | 整體產業環境 | 宏觀外部 |
| AIDA | 消費者 | 個人心理流程 |

## 8-1-2　商業分析應用 - 提煉重點、建構結構

商業分析的核心在於資訊提煉與架構清晰。透過提示詞設計，AI 可協助產出 SWOT、PEST、AIDA 等分析內容，適用於企劃提案、策略制定與市場研究。

❏ **常見用途**

- SWOT 分析產出（優勢、劣勢、機會、威脅）
- 競品比較總結
- 商業策略說明（如目標客群、行銷模式）

❏ **Prompt 設計技巧**

- 明確說明分析架構（如「請使用 SWOT 架構」）
- 限定輸出格式（條列式、表格、段落）
- 指定語氣（如專業、中性、建議型）

## 8-1 進行商業分析與簡報摘要整理

**實例 1**：請針對 DeepSeek 提供 AI 工具的新創公司，撰寫 SWOT 分析摘要，語氣專業，格式請用條列方式。

> 請針對DeepSeek提供 AI 工具的新創公司，撰寫 SWOT 分析摘要，語氣專業，格式請用條列方式。
>
> 以下為針對 DeepSeek（提供 AI 工具的新創公司）所撰寫之 SWOT 分析摘要：
>
> ◆ **Strengths（優勢）**
> - 擁有先進的生成式 AI 技術，產品競爭力強
> - 提供多語言支援與彈性 API 接入，適用場景廣泛
> - 團隊具備技術背景與快速執行力，產品更新頻率高
>
> ◆ **Weaknesses（劣勢）**
> - 品牌知名度相較大型科技公司仍有限
> - 商業模式仍在調整，盈利模式尚未完全穩定
> - 需高度依賴高性能運算資源，基礎建設成本較高
>
> ◆ **Opportunities（機會）**
> - 全球企業數位轉型加速，對 AI 工具需求持續成長
> - 教育、醫療、金融等垂直領域具高度導入潛力
> - 開放原始碼策略可擴大開發者社群與用戶基礎
>
> ◆ **Threats（威脅）**
> - 面對 OpenAI、Google、Anthropic 等大型 AI 競爭者壓力
> - 法規與資料隱私政策變動可能限制模型應用空間
> - 技術發展快速，需持續創新以避免被市場邊緣化

# 第 8 章　商業與辦公應用的 Prompt 實戰技巧

**實例 2**：請針對電動車產業進行 PEST 分析（政治、經濟、社會、科技），語氣專業，輸出格式請用條列式。

---

> 請針對電動車產業進行 PEST 分析（政治、經濟、社會、科技），語氣專業，輸出格式請用條列式。

以下為針對電動車產業的 PEST 分析（政治、經濟、社會、科技）：

◆ **政治（Political）**
- 各國政府積極推動減碳政策與淨零排放目標，鼓勵電動車發展。
- 許多市場提供電動車購車補助、稅收減免及基礎建設投資。
- 國際貿易政策與地緣政治風險（如稀土材料管制）可能影響供應鏈穩定性。

◆ **經濟（Economic）**
- 電池成本逐年下降，有助電動車與燃油車的成本接近甚至反超。
- 油價波動提高消費者對電動車的接受度與換車意願。
- 全球經濟成長疲軟或通膨壓力可能影響消費者購車預算與融資意願。

◆ **社會（Social）**
- 消費者環保意識提升，促進對綠色交通工具的偏好。
- 部分消費者仍對電動車續航力、充電便利性及安全性存疑。
- 年輕世代對智慧科技與永續交通接受度高，推動市場轉型。

◆ **科技（Technological）**
- 電池技術（如固態電池）快速進步，改善續航與充電效率。
- 智慧駕駛輔助系統（ADAS）與自駕技術加速整合至電動車平台。

實例 3：請針對一款主打「AI 語音助理」的 App，使用 AIDA 架構撰寫簡短行銷分析（吸引、興趣、慾望、行動），每項限 30 字內。

---

請針對一款主打「AI 語音助理」的 App，使用 AIDA 架構撰寫簡短行銷分析（吸引、興趣、慾望、行動），每項限 30 字內。

A（吸引 Attention）
喚醒聲音的力量，智慧生活一呼即應。

I（興趣 Interest）
支援日程提醒、天氣查詢、即時問答等多功能。

D（慾望 Desire）
輕鬆解放雙手，享受專屬語音助理體驗。

A（行動 Action）
立即下載 App，開啟你的智慧聲控新生活！

---

## 8-1-3　簡報摘要整理 - 壓縮篇幅、提升重點清晰度

簡報內容常因資訊繁多而冗長難讀，透過適當的 Prompt 設計，AI 可快速將重點提煉成條列摘要或段落簡述，使簡報更聚焦、易於理解與報告呈現。

❏ 常見用途

- 投影片內容濃縮為一段報告摘要
- 客戶簡報轉換為高階主管閱覽用內容
- 培訓教材整理成三點重點

❏ Prompt 設計技巧

- 指定要濃縮的內容（可貼入一段簡報文字或議程）
- 限定輸出格式（如「請整理為五點摘要」）
- 語氣控制（如簡潔明確／具建議性）

## 第 8 章　商業與辦公應用的 Prompt 實戰技巧

**實例 1**：簡報重點整理。請將以下簡報段落濃縮為五點摘要，語氣簡潔清楚。

「本季度我們針對品牌形象進行優化，更新視覺識別系統並統一文案語調。同時啟動三項數位行銷專案，分別為 Instagram 廣告測試、YouTube 合作影片與部落客產品體驗計畫，提升整體社群參與度。」

> 請將以下簡報段落濃縮為五點摘要，語氣簡潔清楚。
> 「本季度我們針對品牌形象進行優化，更新視覺識別系統並統一文案語調。同時啟動三項數位行銷專案，分別為 Instagram 廣告測試、YouTube 合作影片與部落客產品體驗計畫，提升整體社群參與度。」
>
> 1. 本季度進行品牌形象優化。
> 2. 更新視覺識別系統。
> 3. 統一文案語調風格。
> 4. 啟動三項數位行銷專案。
> 5. 提升社群參與與品牌互動。

**實例 2**：產品提案簡報摘要。請將以下簡報內容濃縮為三段摘要，語氣簡潔，適合用於提案報告開場。

「本提案針對 XYZ 智慧門鎖的市場潛力、功能設計與競爭優勢進行說明。XYZ 鎖具具備遠端解鎖、指紋辨識與即時警報三大功能。市場調查顯示，智慧家居市場未來五年將年增 15%，具高度成長性。」

> 請將以下簡報內容濃縮為三段摘要，語氣簡潔，適合用於提案報告開場。
> 「本提案針對 XYZ 智慧門鎖的市場潛力、功能設計與競爭優勢進行說明。XYZ 鎖具具備遠端解鎖、指紋辨識與即時警報三大功能。市場調查顯示，智慧家居市場未來五年將年增 15%，具高度成長性。」
>
> 本提案將說明 XYZ 智慧門鎖的市場潛力、產品功能與競爭優勢。
>
> XYZ 鎖具具備遠端解鎖、指紋辨識與即時警報等核心智慧功能。
>
> 根據市場調查，智慧家居市場未來五年預估年增 15%，成長潛力可期。

**實例 3**：內部會議簡報總結。請將以下會議簡報段落濃縮為五點摘要，語氣中性，適合提供給高階主管閱讀。

「本季度內部培訓共開設五門課程，平均滿意度達 4.6 分。未來計畫導入 AI 協作平台，優化人力資源管理流程。另，針對離職率偏高部門已啟動離職面談制度，預計下季提出改善建議。」

> 請將以下會議簡報段落濃縮為五點摘要，語氣中性，適合提供給高階主管閱讀。
> 「本季度內部培訓共開設五門課程，平均滿意度達 4.6 分。未來計畫導入 AI 協作平台，優化人力資源管理流程。另，針對離職率偏高部門已啟動離職面談制度，預計下季提出改善建議。」

1. 本季度共開設五門內部培訓課程。
2. 培訓平均滿意度為 4.6 分。
3. 計畫導入 AI 協作平台優化人資流程。
4. 已針對離職率偏高部門啟動離職面談制度。
5. 預計下季提出具體離職改善建議。

## 8-1-4 應用延伸 - 使用表格呈現分析結果

除了條列式摘要，也可要求 AI 以表格方式輸出，有助於橫向比較與報告視覺簡化。

**實例 1**：請針對 ChatGPT、Gemini 與 Claude 三款 AI 工具進行競品分析，請列出產品名稱、主要功能、優勢與定價，請用表格格式輸出。

> 請針對ChatGPT、Gemini與Claude三款 AI 工具進行競品分析，請列出產品名稱、主要功能、優勢與定價，請用表格格式輸出。

以下為 ChatGPT、Gemini、Claude 三款 AI 工具的競品分析表：

| 產品名稱 | 主要功能 | 優勢 | 定價（截至 2024 年中） |
| --- | --- | --- | --- |
| ChatGPT（GPT-4） | 對話生成、寫作輔助、程式碼產生、資料摘要 | 回應自然、支援多語言、整合 GPTs 工具與瀏覽、文件上傳分析等功能 | 免費（GPT-3.5）<br>Plus 版：$20/月（GPT-4） |
| Gemini（Google） | 對話、文件理解、網頁摘要、與 Google 服務整合 | 結合 Google 搜尋與 Workspace 生態，善於處理實時資料 | 免費基本版<br>付費 Pro 版：$20/月 |
| Claude（Anthropic） | 長文本閱讀與摘要、問答、創意寫作、程式協助 | 處理長文能力強、回應穩定、語氣自然，注重安全與對話邏輯 | 免費基本版<br>Claude Pro：$20/月（Claude 3） |

## 8-1-5 總結

透過正確的 Prompt 設計，AI 不僅能協助你進行商業邏輯分析，也能快速將簡報或市調資料濃縮成結構化摘要，大幅提升辦公效率與溝通清晰度。下一節將介紹如何利用 AI 協助撰寫正式的合約條文與報告草稿，進一步應用於專業文件產出。

## 8-2 撰寫合約條文與報告初稿

在日常辦公與專業實務中，撰寫合約與報告是高頻且高成本的文字工作。透過正確的提示詞設計，AI 不僅能協助產出合約草稿與通用條文，還能快速生成提案報告、研究初稿與行政說明書等，節省時間並建立標準格式。本節將說明如何透過 ChatGPT 撰寫合約條文、初步報告結構與格式控制的應用技巧，提升專業寫作效率。

### 8-2-1 合約條文撰寫 - 格式正式、語句明確

合約條文需具備法律邏輯、格式嚴謹與語句清楚的特性。透過提示詞控制語氣、條款數與主題範圍，AI 可快速產出可用於草稿階段的合約內容，有效節省撰寫時間。

❑ **適用場景**
- 授權協議、合作契約
- 保密協定（NDA）
- 服務條款、租賃協議
- 員工聘僱條款草稿

❑ **Prompt 設計技巧**
- 指定合約類型與用途
- 限定語氣為「正式、法律用語風格」
- 可指定條文數量與格式（如「請條列三項條款」）

**實例 1**：開發產品協議稿。請撰寫一份合作協議書草稿，主題為「兩家公司共同開發軟體產品」，語氣正式，請列出三條基本條款。

> 請撰寫一份合作協議書草稿，主題為「兩家公司共同開發軟體產品」，語氣正式，請列出三條基本條款。

以下為「兩家公司共同開發軟體產品」之合作協議書草稿（範本），供您參考：

...

**第一條｜合作目標**
甲乙雙方同意共同投入資源與技術，開發一套具市場潛力之軟體產品，並共同推動後續上市與商業化。

**第二條｜權責分工**
甲方負責前端設計與使用者體驗規劃；乙方負責後端開發與系統維運。雙方應定期召開會議，確保進度協調與品質控管。

# 第 8 章　商業與辦公應用的 Prompt 實戰技巧

> **第三條 | 智慧財產權與收益分配**
> 合作期間所產出之軟體著作權與相關智慧財產權，歸雙方共同所有。雙方同意依照各自實際投入比例進行收益分配，具體比例將於附件中詳列。
>
> 本協議草稿僅為合作討論基礎之參考文本，最終條款內容須經雙方確認並簽署正式協議文件。
>
> 敬請雙方審閱後提出修正建議。

**實例 2**：保密協議 NDA 條文。請撰寫一份保密協定（NDA）草稿，主題為「雙方在技術交流期間的資訊保護義務」，請列出三項條款，語調正式。

> 請撰寫一份保密協定（NDA）草稿，主題為「雙方在技術交流期間的資訊保護義務」，請列出三項條款，語調正式。

以下為「技術交流期間的資訊保護義務」之**保密協定（NDA）草稿**，供參考：

---

**保密協定（Non-Disclosure Agreement）草稿**

本協定由以下雙方於（西元年月日）簽訂：

甲方：（公司或個人名稱）

地址：（地址）

乙方：（公司或個人名稱）

地址：（地址）

鑑於雙方同意就技術合作與業務交流進行討論並可能互相揭露機密資訊，雙方茲立協定如下：

**第一條 | 保密義務**
雙方承諾對交流期間所取得之所有機密資訊予以保密，未經對方書面同意，不得向第三方揭露、傳播或挪用於非協議目之用途。

…

> **第三條 | 保密期間與例外**
> 雙方保密義務自揭露日起生效,並於合作結束後持續有效三年。以下資訊不受本協定限制:公開資訊、合法取得且無保密義務之資訊、或經對方書面同意揭露者。
>
> 本協定經雙方代表簽署後生效。如需進一步列明爭議解決方式或法律適用地,雙方可另訂補充條款。

**實例 3**:服務合約條文。請撰寫一份網站維護服務合約草稿,列出三條基本服務條款,語調正式,格式清晰。

> 請撰寫一份網站維護服務合約草稿,列出三條基本服務條款,語調正式,格式清晰。
>
> 以下為「網站維護服務合約草稿」,供正式合作前參考使用:
>
> **網站維護服務合約草稿**
>
> 立約雙方:
> 甲方:(委託單位或公司名稱)
> 乙方:(承接維護服務單位或公司名稱)
>
> 甲乙雙方本著誠信原則,就網站維護服務事宜達成下列協議條款:
>
> …

> **第三條 | 合約期間與保密義務**
> 本合約有效期間為自簽署日起一年。乙方對維護過程中所接觸之甲方資料,應負保密義務,非經甲方書面同意不得對外揭露或使用。
>
> 本草稿為合作初步依據,雙方得視實際合作需求進行補充或修訂,正式版本將由雙方確認後簽署生效。

## 8-2-2　報告初稿撰寫 - 快速建立架構與重點內容

撰寫報告初稿常需先建立大致架構與重點段落。透過明確指令設定主題、段落結構與語氣，AI 可協助快速產出可修改的草稿，大幅提升寫作效率與內容組織力。

❏ **適用場景**
- 行銷企劃草稿
- 專案進度報告
- 對主管的策略建議書
- 教學簡報、期末成果報告草案

❏ **Prompt 設計技巧**
- 指定報告主題與段落數
- 明確要求結構（如：背景 → 現況 → 建議）
- 控制語氣（如：簡潔中立、專業說服）

**實例 1**：企劃稿。請撰寫一份行銷企劃書初稿，主題為「新品上市策略」，分為三段：市場現況、目標策略與預期成果，語氣簡潔專業。

> 請撰寫一份行銷企劃書初稿，主題為「新品上市策略」，分為三段：市場現況、目標策略與預期成果，語氣簡潔專業。

以下為「新品上市策略」之行銷企劃書初稿摘要：

**一、市場現況**

目前市場對健康、科技與即時便利的產品需求持續攀升，消費者對創新型商品的接受度高。競品多集中於功能單一或缺乏品牌故事訴求，提供我們切入的機會與差異化空間。

## 二、目標策略

本次新品上市將採取「精準溝通＋多渠道曝光」策略，透過社群廣告、KOL 合作與品牌官網同步啟動預熱。結合產品 USP（獨特銷售主張），強化視覺與故事行銷，建立初期市場認知與情感連結。

## 三、預期成果

預計於上市首月內達成 10,000 人次互動曝光、500 組產品試用回饋，以及前 3 週累計銷售達到預設目標 80%。透過數據追蹤持續優化後續轉換策略與品牌忠誠度培養。

**實例 2**：內部專案進度報告。請撰寫一份部門專案進度報告初稿，包含三段：進度摘要、目前挑戰與下階段計畫，語氣中立專業。

---

請撰寫一份部門專案進度報告初稿，包含三段：進度摘要、目前挑戰與下階段計畫，語氣中立專業。

以下為部門專案進度報告初稿，供內部會議與主管參考：

## 一、進度摘要

截至目前，專案已完成初期需求訪談、流程設計草案與介面原型測試，整體進度約達 60%。相關單位回饋已整理彙整，並納入修正項目中。

## 二、目前挑戰

目前面臨的主要挑戰為跨部門溝通與資料整合效率不一，影響部分流程確認時程；此外，部分功能模組因技術資源安排尚未完成實作驗證。

## 三、下階段計畫

接下來將集中完成核心模組開發與整合測試，同時加強與 IT 與業務部門之溝通協調，以確保整體時程符合預定目標，預計下月進入試營運階段。

## 第 8 章　商業與辦公應用的 Prompt 實戰技巧

**實例 3**：教育訓練報告草稿。請撰寫一份教育訓練報告初稿，主題為「AI 應用工具訓練」，分為訓練目標、課程內容與學員回饋三段，語氣簡潔。

> 請撰寫一份教育訓練報告初稿，主題為「AI 應用工具訓練」，分為訓練目標、課程內容與學員回饋三段，語氣簡潔。

以下為「AI 應用工具訓練」教育訓練報告初稿：

**一、訓練目標**
本次訓練旨在提升員工對生成式 AI 工具的理解與實務操作能力，強化在文案撰寫、資料彙整與簡報製作等日常工作中的應用效率。

**二、課程內容**
課程共計三小時，包含以下主題：

1. ChatGPT 與 Gemini 基本操作介紹
2. AI 工具在行銷、行政與簡報製作的應用範例
3. Prompt 設計實作與常見錯誤解析

**三、學員回饋**
學員普遍反映課程實用性高，尤其對 Prompt 練習與實例教學反應良好。平均滿意度為 4.7 分（滿分 5 分），建議未來可延伸進階應用課程。

### 8-2-3　小技巧建議表

| 類型 | 提示詞關鍵字 | 格式建議 |
| --- | --- | --- |
| 合約條文 | 「請撰寫正式合約語氣條文」、「列出條款」 | 條列式（1. 2. 3.） |
| 報告初稿 | 「請用三段撰寫報告初稿」、「語氣專業簡潔」 | 分段式段落（標題＋正文） |

## 8-2-4 總結

合約與報告寫作原本需要高度專業與格式規範,但透過提示詞設計,AI 能快速協助產出初稿、建立結構,成為法律助理、專案經理與行政人員的高效率寫作夥伴。下一節將說明如何進一步運用 AI 自動生成會議記錄與郵件草稿,完成日常溝通任務。

## 8-3 生成電子郵件與會議記錄內容

電子郵件與會議記錄是日常辦公中最常見、最耗時的文字任務。透過良好的提示詞設計,ChatGPT 可快速協助撰寫結構清晰、語氣恰當的郵件內容,並將會議過程濃縮為重點條列或摘要段落,有效提升溝通效率與資料整理能力。本節將說明如何設計提示詞以產出各類正式或半正式郵件,以及如何快速將會議紀要轉換為可用內容,適用於跨部門協作、專案溝通與日常行政用途。

### 8-3-1 電子郵件產出 - 語氣精準、結構清楚

電子郵件講究語氣得體與段落清晰。透過提示詞設定對象、目的與語氣,AI 可快速產出適合各種溝通情境的正式或半正式郵件,大幅提升溝通效率與專業表達力。

❑ **適用情境**
- 客戶聯絡信／合作邀請信
- 感謝信／回覆信／提醒信
- 求職信／內部通報信

❑ **Prompt 設計技巧**
- 指定收件對象與信件目的
- 限定語調(正式／禮貌／親切)
- 控制段落數(如三段式結構)

# 第 8 章　商業與辦公應用的 Prompt 實戰技巧

**實例 1：感謝信**。請撰寫一封寄給主管的感謝信，內容說明我獲得晉升的欣喜與感謝之情，語氣正式，段落不超過三段。

> 請撰寫一封寄給主管的感謝信，內容說明我獲得晉升的欣喜與感謝之情，語氣正式，段落不超過三段。

敬愛的主管您好：

感謝您在百忙之中閱讀此信。得知獲得晉升的消息，我內心充滿感激與喜悅。這份肯定不僅是對我過去努力的鼓勵，更是推動我持續成長的重要動力。

在工作歷程中，承蒙您的悉心指導與信任，使我得以不斷挑戰自我、精進專業。這次的晉升機會，我將以更積極的態度回應責任，並努力為團隊創造更高的價值。

再次感謝您的支持與提攜，我將以實際行動不負所託，持續努力邁向更高目標。敬祝 身體健康、工作順利！

敬上
（您的姓名）

**實例 2：合作邀請信**。請撰寫一封邀請潛在合作夥伴參加產品體驗會的郵件，語氣親切專業，段落控制在三段內。

> 請撰寫一封邀請潛在合作夥伴參加產品體驗會的郵件，語氣親切專業，段落控制在三段內。

主旨：誠摯邀請您參加我們的產品體驗會

親愛的 [夥伴名稱] 您好：

您好！我們誠摯邀請您參加即將舉辦的產品體驗會，現場將介紹我們最新推出的 [產品名稱]，並提供實機操作與專人解說，協助您深入了解其應用價值與市場潛力。

此次活動將於 [日期] 於 [地點] 舉行，內容包含功能示範、應用案例分享與現場交流，歡迎您蒞臨指教。我們相信，這將是促進彼此合作了解的絕佳契機。

如您有興趣參與，煩請於 [回覆截止日期] 前回覆報名。我們非常期待與您面對面交流，共創更多可能！

**實例 3**：提醒付款郵件。請撰寫一封提醒客戶付款的郵件，語氣禮貌但明確，控制為三段。

> 請撰寫一封提醒客戶付款的郵件，語氣禮貌但明確，控制為三段。

> 主旨：付款提醒通知 – [發票編號或專案名稱]
>
> 親愛的 [客戶名稱] 您好：
> 感謝貴公司一直以來的支持與合作。敬提醒，針對本次 [商品／服務名稱] 的費用，發票編號為 [XXXXXX]，付款期限為 [日期]，目前尚未收到相關款項。
>
> 若已完成付款，煩請回覆郵件告知，以便我們核對。若尚在處理中，也請您提供預計付款時間，以利後續對帳與服務安排。
>
> 如您有任何疑問或需協助之處，歡迎隨時與我們聯繫。感謝您的配合與理解，並期待持續為您提供服務。

**實例 4**：內部請假通知。請撰寫一封寄給直屬主管的請假郵件，語氣簡潔禮貌，三段結構。

> 請撰寫一封寄給直屬主管的請假郵件，語氣簡潔禮貌，三段結構。

> 主旨：請假申請通知
>
> 敬愛的主管您好：
>
> 因個人需處理 [請假事由，例如「家中事務」、「健康狀況需休養」]，謹此提出請假申請，預計請假時間為 [起始日期] 至 [結束日期]，共計 [天數] 天。期間相關工作我將提前安排或交接，確保進度不受影響。
>
> 若有任何需要補充或協調之處，敬請指示，我將盡力配合處理。謝謝您的理解與支持。
>
> 敬祝 平安順心
> [您的姓名]

## 8-3-2　會議記錄整理 - 濃縮資訊、條理分明

　　會議紀錄若未整理妥當，容易資訊散亂、重點模糊。透過清楚的提示詞，AI 能快速將長段對話或逐字稿，轉化為條列或摘要形式，便於後續行動追蹤與溝通傳遞。

❑ **適用情境**
- 專案會議紀要／跨部門會議總結
- 培訓／簡報紀錄轉換
- 會議錄音摘要草稿

❑ **Prompt 設計技巧：**
- 限定格式（條列式／三段式／表格）
- 指定語氣（正式／摘要式／重點清單）
- 可設定要點數量或時間順序

**實例 1：條列式會議紀要**。請將以下會議記錄濃縮為五點條列摘要，語氣保持正式。

「行銷部門報告上週完成三支社群影片，觸及率成長 15%。產品部表示新款耳機下月上市，目前進入最後測試。財務部提醒下週五前繳交預算申請表。人資部宣布月底將舉辦內部簡報技巧訓練。」

---

請將以下會議記錄濃縮為五點條列摘要，語氣保持正式。
「行銷部門報告上週完成三支社群影片，觸及率成長 15%。產品部表示新款耳機下月上市，目前進入最後測試。財務部提醒下週五前繳交預算申請表。人資部宣布月底將舉辦內部簡報技巧訓練。」

以下為會議記錄之五點條列摘要：

1. 行銷部門上週完成三支社群影片，觸及率提升 15%。
2. 產品部表示新款耳機預計於下月上市，目前進入最終測試階段。
3. 財務部提醒各部門於下週五前繳交預算申請表。
4. 人資部宣布月底舉辦內部簡報技巧訓練課程。
5. 各部門應依時完成相關配合事項，確保 ↓ 進度順利推進。

8-3 生成電子郵件與會議記錄內容

**實例 2**：三段式整理。請將下列會議摘要整理為三段：本次討論主題、會中決議事項與後續待辦項目。

「本次會議聚焦於 2024 年行銷預算與內容規劃，並針對社群策略進行方向調整。會中確認品牌將加重 TikTok 行銷預算，同時縮減平面廣告支出。後續將由內容小組提出 TikTok 專案腳本與排程。」

> 請將下列會議摘要整理為三段：本次討論主題、會中決議事項與後續待辦項目。
> 「本次會議聚焦於 2024 年行銷預算與內容規劃，並針對社群策略進行方向調整。會中確認品牌將加重 TikTok 行銷預算，同時縮減平面廣告支出。後續將由內容小組提出 TikTok 專案腳本與排程。」
>
> **本次討論主題**
> 本次會議以 2024 年行銷預算及內容規劃為核心，並討論社群策略的方向調整，特別關注如何最佳化不同平台的資源配置。
>
> **會中決議事項**
> 會議一致決定提高 TikTok 行銷預算，以強化品牌於短影音平台的曝光與互動，同時相應縮減平面廣告支出，將資源集中於成效更佳的數位渠道。
>
> **後續待辦項目**
> 內容小組將負責擬定 TikTok 專案腳本與排程，並於下一次會議提交詳細執行計畫及時間表，以確保預算調整後的行銷方案順利落地。

**實例 3**：長篇對話轉摘要條列。請將以下部門會議逐字稿濃縮為 5 點條列摘要，語氣中立、重點清楚。

「A：最近客服回覆時間變長，客戶投訴多。

B：我建議導入 AI 聊天機器人減輕負擔。

C：那要先盤點 FAQ，訓練資料庫。

D：資訊部表示兩週內可完成初步部署測試。」

8-21

> 請將以下部門會議逐字稿濃縮為 5 點條列摘要，語氣中立、重點清楚。
> 「A：最近客服回覆時間變長，客戶投訴多。
> B：我建議導入 AI 聊天機器人減輕負擔。
> C：那要先盤點 FAQ，訓練資料庫。
> D：資訊部表示兩週內可完成初步部署測試。」

以下為本次部門會議之五點條列摘要：

1. 近期客服回覆時間延長，客訴案件增加。
2. 建議導入 AI 聊天機器人以分擔基本詢問。
3. 實施前需先整理常見問題並建立訓練資料庫。
4. 資訊部表示兩週內可完成初步部署與測試。
5. 後續將依測試結果調整回覆流程與應用範圍。

### 8-3-3　總結

　　電子郵件與會議記錄是 AI 在辦公流程中最即時也最高效的應用場景。透過格式、語氣與段落的精確控制，我們可快速生成可用草稿，大幅節省日常溝通時間，提升專業形象與組織效率。

# 第四篇

## 圖像、音樂與影片的多模態提示詞

第 9 章：圖像生成的提示詞設計

第 10 章：音樂與歌曲提示詞應用

第 11 章：AI 影片生成與編排 - 提示詞實戰

# 第 9 章
# 圖像生成的提示詞設計

9-1　圖像提示詞的基本結構解析

9-2　圖像風格的應用與轉換技巧

9-3　圖像生成的商業應用場景

9-4　多語提示詞與關鍵詞選用技巧

# 第 9 章　圖像生成的提示詞設計

在生成式 AI 的應用領域中，圖像生成是最具視覺衝擊力與創意潛能的技術之一。無論是用於封面設計、產品示意圖還是角色視覺風格設定，只要設計得當的提示詞，就能讓 AI 產出風格多變、細節豐富的圖片作品。本章將介紹常見的圖像生成平台（如 DALL-E、Midjourney），並說明提示詞的核心結構-「主體」、「風格」、「背景」、「色調」與「細節」。此外，也將帶你探索不同藝術風格、商業用途與多語提示詞的設計技巧，讓你能靈活應用 AI 創作出具備專業水準的視覺素材。

## 9-1　圖像提示詞的基本結構解析

一組優秀的圖像提示詞，必須具備清晰的結構與描述邏輯。與文字生成不同，圖像提示詞通常需要強調視覺元素的組合與風格描寫。本節將深入解析圖像提示詞的五大基本元素：主體、風格、背景、色調與細節，並提供對應的設計範例，協助讀者學會如何具體而有效地與圖像生成 AI 溝通。

> 註　本章主要適用 DALL-E 繪圖工具，提示詞也可以應用在其他繪圖工具。

### 9-1-1　主體描述 - 物品、人物、場景、構圖角度與圖像大小

在 DALL-E 的圖像生成提示詞中，「主體描述」是畫面生成的核心。只要明確定義主體是什麼、在做什麼、在哪裡、從什麼角度觀看，就能有效提高圖像的準確度與視覺焦點。

❏ **主體是什麼**

在提示詞中，主體是畫面中最重要的角色或元素，可能是：

- 一個物品（如一杯咖啡）
- 一個人物（如穿著西裝的上班族）
- 一個場景（如森林小屋）
- 一個組合（如三隻狗在草地上奔跑）

DALL-E 支援中文理解，因此可以直接使用清楚的中文敘述來定義主體，例如：

- 一位穿著太空服的男孩

## 9-1 圖像提示詞的基本結構解析

- 一座雪中的木造小屋
- 一隻跳舞的貓咪，戴著墨鏡

❑ **主體類型與中文範例對照**

- 物品：一杯正在冒煙的咖啡放在木桌上
- 人物：一位身穿紅色連身裙的女孩正在草地上奔跑
- 動物：一隻戴著帽子的柴犬坐在沙發上
- 建築物：一座未來風格的高樓聳立在夜晚城市中
- 場景：一間被綠色植物環繞的露天咖啡館

❑ **構圖與視角詞彙（可中文寫出）**

DALL-E 可理解構圖與拍攝視角相關的中文詞語。

| 視角類型 | 中文描述語法 | 功能 |
|---|---|---|
| 鳥瞰角度 | 從上往下看、俯瞰視角 | 強調全景或大範圍場景 |
| 仰視角度 | 從下往上看、仰視構圖 | 突出主體高度與氣勢 |
| 正面視角 | 面對主體、正面構圖 | 常見於人像與產品展示 |
| 側面構圖 | 從側面拍攝、一側視角 | 常見於動作或動態捕捉 |
| 背影視角 | 從背後觀看 | 傳達孤獨、思考或敘事氛圍 |

❑ **圖像大小**

可以有下列幾種：

- 1024x1024：這是預設，相當於是生成正方形的圖像。
- 1792x1024：這也可稱寬幅或稱全景，它的寬高比是 16:9，許多場合皆適合，例如：用在風景、展場、城市風光攝影，可以讓視覺有更廣的視野，創造一個更豐富的敘事場景，更好的沉浸感，讓觀者感覺自己仿佛在場景中。
- 1024x1792：可稱全身肖像，這個大小可以展示人物的整體外觀，包括服裝、姿勢和與環境的互動，從而提供對人物更全面的了解。

原則上 DALL-E 會依據提示詞自行判斷採用圖像大小方式，如果生成不是我們想要的大小格式，可以用提示詞請 DALL-E 修訂。

第 9 章　圖像生成的提示詞設計

❏　**提示詞設計範例**

**實例 1**：描述物品與細節。「一杯正在冒煙的拿鐵咖啡放在木質桌面上，背景模糊。」

Prompt 功能說明：

- 主體：拿鐵咖啡
- 細節：正在冒煙、木桌
- 構圖：桌面俯拍（可再加上「從上往下看」）
- 效果：淺景深、專注焦點在咖啡杯

　　這張圖像呈現了一杯正在冒煙的拿鐵咖啡，靜靜地置於溫潤的木質桌面上。畫面選用正方形構圖，構造平衡，特別適合應用於社群媒體或視覺設計中。杯中的拉花細緻對稱，蒸氣輕柔地從咖啡表面升起，增添真實感與溫度。背景的模糊處理則成功突顯主體，同時維持畫面的溫暖氛圍。整體色調偏向柔和的暖棕色，帶出一種靜謐、療癒的質感。這不僅是一張描繪咖啡的圖，更是一種對慢生活的視覺詮釋。

**實例 2**：描述人物與場景。「在滿天星空下，一位戴著銀色耳機的女孩坐在城市天台邊緣，雙腳懸空，手中握著發光的筆記本，背景是遠方朦朧的霓虹城市，整體風格為插畫風，色調帶藍紫冷光，構圖為側面視角，帶有科幻與夢幻氛圍。」

Prompt 功能說明：

- 主體：戴耳機的女孩 筆記本（具有故事性與現代感）
- 場景：天台 城市夜景 星空（具畫面張力與浪漫感）
- 構圖：側面構圖（營造距離感與敘事性）
- 動作與姿勢：坐在邊緣、懸空雙腳（強化構圖與動態感）
- 情境：科幻 夢幻（強化主題調性、提升吸引力與創作潛力）

筆者想要生成正方形的圖，所以採用下列提示詞修訂生成。

**實例 3**：「上述相同的 Prompt 內容，請生成正方形尺寸。」

## ❑ 實用小技巧

- **數量具體化**：比如「三隻穿雨衣的狗」、「一群正在跳舞的老奶奶」
- **動作加強畫面感**：使用「正在⋯」、「奔跑中的⋯」、「漂浮的⋯」等動詞
- **結合構圖指令**：「從側面看」、「特寫」、「俯拍視角」、「遠景構圖」
- **避免模糊用語**：避免像「一個東西」、「漂亮的畫面」這類模糊表述

## ❑ 總結

主體描述是圖像生成中最不能忽略的第一步。清楚地說明主體是誰、在哪裡、做什麼，搭配視角與構圖詞語，即可讓 DALL-E 更準確理解你的畫面需求。下一節，我們將進一步介紹「風格設定」，讓你創造出更具美感與一致性的圖像內容。

## 9-1-2 風格設定 - 插畫風、寫實、超現實、動漫、像素風等

風格設定是圖像提示詞中最具視覺辨識度的元素之一。透過明確描述風格，能讓 AI 生成的圖片更符合應用需求與審美方向。插畫風、寫實、超現實、動漫與像素風是目前最常見的選項。

❑ **為何風格設定很重要**

即使主體一致，「一隻站在屋頂上的貓」，若風格不同，視覺效果與用途會截然不同。例如：

- 插畫風：適合童書、海報、品牌角色設計
- 寫實風：適用於商業情境圖或產品模擬
- 超現實風：常見於藝術創作與社群吸睛圖
- 動漫風：應用於次文化、遊戲角色設計
- 像素風：適合遊戲、美術實驗與復古風專案

❑ **常見圖像風格與中文提示詞寫法**

| 風格類型 | 中文提示詞常用語 | 描述特點與應用 |
| --- | --- | --- |
| 插畫風 | 插畫風格、手繪風格 | 色彩清晰、輪廓明確，常見於封面與角色形象插圖 |
| 寫實風 | 寫實風格、真實照片風 | 擬真光影與質感，適合模擬現實情境與商品應用 |
| 超現實風 | 超現實風格、不合邏輯的夢境畫面 | 結合真實與幻想，常出現在藝術創作、AI 詩意風格圖像中 |
| 動漫風 | 動漫風格、日系動畫風 | 適用於角色設計與視覺敘事，可加上「卡通風格」變得更廣義 |
| 像素風 | 像素風格、8 位元風格 | 遊戲風格畫面、復古圖案、低解析度但高辨識度 |

❑ **提示詞設計範例**

**實例 1**：插畫風。「一隻戴著圓形眼鏡的貓咪，坐在咖啡館窗邊看書，插畫風格，色調柔和，背景為落日餘暉。」

- 應用場景：適用於雜誌插圖、封面設計或社群貼圖素材。

實例 2：寫實風。「一杯金色啤酒放在木質吧台上，玻璃杯冒著細緻氣泡，背景為微光酒吧環境，寫實風格，光線溫暖自然，構圖為近距離特寫。」

- 應用場景：適用於飲品行銷素材、酒類品牌形象照、產品情境展示圖，可用於社群貼文、菜單封面或廣告橫幅。

## 9-1 圖像提示詞的基本結構解析

**實例 3**：超現實風。「一隻漂浮在銀河中的柴犬，周圍有發光的行星與音符，超現實風格，畫面充滿夢幻感。」

- 應用場景：適用於藝術創作、專輯封面、社群吸睛封圖。

**實例 4**：動漫風。「一位穿著校服、藍髮雙馬尾的美麗台灣少女，站在春日校園的櫻花樹下，動漫風格，光影明亮，表情開朗。」

- 應用場景：適用於角色設計、遊戲素材、同人作品封面。

第 9 章　圖像生成的提示詞設計

實例 5：像素風。「一座城市夜景的像素風畫面，閃爍的霓虹燈與方塊風格建築，畫面 8 位元復古風格。」

- 應用場景：適用於遊戲背景圖、社群視覺風格圖、NFT (Non-Fungible Token) 設計。註：NFT 中文通常翻譯為「非同質化代幣」，這是數位資產，具有可追溯、可驗證的唯一性。

❑ 讀者可以練習的提示詞

實例 6：插畫風。「一隻戴著太空頭盔的黑貓，站在星球表面仰望銀河，插畫風格，構圖為正面，全畫面有童趣感，色調為紫藍色。」

- 應用場景：兒童繪本封面、教育卡片、角色形象圖。

實例 7：插畫風。「一位手提環保袋的中年男子走在菜市場街道上，插畫風格，畫面溫暖日常，線條簡潔，背景為台灣傳統市場風格。」

- 應用場景：生活繪本插圖、地方文化介紹、社區刊物封面。

實例 8：寫實風。「一瓶玻璃裝的手工啤酒置於戶外木桌上，背景為夏日午後陽光下的草地，寫實風格，光影自然，構圖偏左留空白。」

- 應用場景：飲品攝影、廣告視覺草圖、海報背景圖。

實例 9：寫實風。「一台白色電動機車停在現代城市街角，背景有高樓與霓虹燈，寫實風格，夜晚光影對比強烈，構圖為三分構圖法。」

- 應用場景：產品示意圖、都市設計概念、電商商品圖。

實例 10：超現實風。「一顆巨大的橘子漂浮在沙漠上空，下方有影子與反射，天空滿布藍色魚群，超現實風格，色調鮮明強烈。」

- 應用場景：藝術海報、唱片封面、詩集插圖。

實例 11：超現實風。「一位穿著古代長袍的男子在水面上行走，周圍是反重力漂浮的建築與書籍，超現實風格，光影偏柔和，帶有夢境氛圍。」

- 應用場景：詩意創作、哲學主題視覺、沉浸式展覽素材。

實例 12：動漫風。「一位戴眼鏡、頭戴耳機的高中男生，在房間中使用筆電寫作業，動漫風格，畫面細膩，色調溫暖，構圖為從窗戶斜角度觀看。」

- 應用場景：角色故事插圖、青少年題材、動畫故事板。

實例 13：動漫風。「三位魔法少女站在夜晚城市屋頂，背後是星空與流星雨，動漫風格，服裝設計華麗，色彩飽和度高。」

- 應用場景：遊戲角色概念圖、封面海報、同人創作素材。

實例 14：像素風。「一個像素風格的夜市場景，有攤販、燈籠、人物在走動，畫面色彩鮮豔，帶有 8 位元復古感，構圖為俯視角。」

- 應用場景：像素風遊戲場景、復古社群貼圖、文化類 NFT 設計。

實例 15：像素風。「像素風格的外太空探險場景，有火箭、星球與太空人，背景為深藍色星空，構圖集中在畫面中央，光源來自右上方。」

- 應用場景：獨立遊戲封面、虛擬貨幣 NFT 插畫、迷因圖創作。

❏ 延伸技巧：混合風格應用

DALL·E 支援結合多種風格提示詞，例如：

- 「插畫風 復古色調」
- 「寫實風格 黑白攝影效果」

## 第 9 章　圖像生成的提示詞設計

- 「動漫風格 像素邊框」
- 「超現實插圖風格 霧面柔焦」

這樣可創造出跨風格融合的創意圖像，更具視覺張力與藝術感。

❑　總結

圖像風格控制是視覺創作提示詞中最關鍵的表現力工具。只要理解每種風格的視覺語彙與提示詞用法，就能在不同應用場景中靈活切換，創造出適合行銷、設計、創作等多種目的的高品質圖像。

## 9-1-3　背景設計 - 城市、森林、抽象圖樣等

背景設計是提示詞中決定「畫面氛圍」與「情境語境」的關鍵要素。無論主體多吸睛，若背景不合適，整體圖像效果也會失色。明確設定背景場景能提升圖像的敘事性與完整度。

❑　為什麼背景要明確設定

在圖像生成中，主體決定視覺焦點，背景則建構故事感與空間層次。DALL-E 支援中文輸入，若背景敘述過於模糊（如「某個地方」、「一個房間」），AI 可能生成出與情境不符的畫面，甚至導致背景過空或過雜。

❑　常見背景類型與中文提示詞範例

| 背景類型 | 描述用途 | 中文提示詞範例 |
|---|---|---|
| 城市 | 現代／未來／歐式建築街景 | 一位男子站在東京夜晚的霓虹街道中 |
| 森林 | 自然、生態、奇幻風格 | 一隻貓頭鷹在深綠色森林中的樹枝上靜靜停留 |
| 海灘 | 度假、清新、休閒感 | 一對情侶在夕陽下的沙灘上散步 |
| 室內空間 | 家居、咖啡館、辦公室 | 一杯咖啡放在木質書桌上，背景為溫暖書房的窗景 |
| 抽象圖樣 | 科技感、藝術感、無重力感空間 | 一個漂浮在幾何形狀構成的抽象空間中的人物 |
| 夜空 / 星空 | 浪漫、夢幻、科幻 | 一位少女躺在草地上仰望滿天星空 |

9-1 圖像提示詞的基本結構解析

❏ **中文提示詞背景相關設計結構與實例**

你可以這樣撰寫提示詞：

「一位主體＋正在做某件事＋背景場景＋氛圍或光線風格＋構圖視角」

**實例 1**：城市背景。「一位穿西裝的男子站在紐約街頭，背景為夜晚城市燈火與霓虹招牌，寫實風格，構圖為低角度仰拍。」，可參考下方左圖。

● 應用場景：建立都市感、時代氛圍、專業感。

**實例 2**：森林背景。「一位戴著斗篷的少女走在濃霧中的森林小徑上，插畫風格，色調冷色系，背景有高大樹木與隱約的動物剪影。」，可參考上方右圖。

● 應用場景：營造奇幻、神秘或童話敘事感。

9-13

第 9 章　圖像生成的提示詞設計

**實例 3**：抽象背景。「一隻機械鳥漂浮在由藍色幾何線條構成的數位空間中，超現實風格，畫面具科技感與未來感。」

- 應用場景：表現科技主題、NFT 插畫風、AI 藝術視覺。

❑　延伸提示詞詞彙表（背景限定）

| 類別 | 可用中文提示詞關鍵詞 |
| --- | --- |
| 城市類 | 現代城市、高樓林立、霓虹燈街道、歐洲巷弄、古城牆 |
| 自然類 | 深林、雪山、沙漠、綠意步道、瀑布、草原 |
| 室內類 | 書房、咖啡館、實驗室、未來艙房、廚房 |
| 抽象類 | 幾何圖形構成背景、漂浮立方體、無限空間、數位幻影 |
| 時間感 | 日出、夕陽、黃昏、夜晚、晨光、清晨、薄霧 |

❑　實作技巧

- 請主動描述背景，而非讓 AI 自行「補畫背景」
- 用氣氛形容詞強化背景感受：如「模糊的燈光」、「清晨的霧氣」、「黃昏餘暉」
- 建議搭配光線與色調指令：如「逆光」、「暖色」、「藍灰色調」

- 適合加入拍攝感構圖：如「遠景」、「廣角」、「特寫」讓背景空間層次更自然

❏ 總結

背景設計不只是填補畫面，它是讓整張圖有故事感、風格一致與視覺層次的關鍵元素。透過場景、時間、情緒與空間視角的描述，讓 AI 更能理解你想要的「世界長什麼樣子」。

## 9-1-4 色調語法 - 明亮／陰暗／單色／高對比

色調決定一張圖的整體氛圍與視覺情緒。透過在提示詞中加入明亮、陰暗、單色或高對比等關鍵詞，能有效影響 AI 圖像生成的風格方向與感受層次，強化主題表現力。

❏ 為何要控制色調

色調設定可以讓畫面產生更強的情緒氛圍與風格一致性，例如：

- 明亮色調：帶來清新、溫暖、正能量
- 陰暗色調：營造神秘、嚴肅、深沉情感
- 單色調：風格化強烈、適合品牌一致性或極簡設計
- 高對比：視覺衝擊強、主題凸顯清晰

在 DALL-E 中可直接使用中文描述色調，並與主體、背景、風格搭配使用。

❏ 常見色調語法與中文範例對照表

| 色調類型 | 中文提示詞說法 | 視覺效果與應用 |
| --- | --- | --- |
| 明亮色調 | 明亮的光線、整體色調明亮 | 充滿活力、溫暖氛圍，適合旅遊、美食、生活主題 |
| 陰暗色調 | 暗色系、陰暗氛圍、低亮度背景 | 帶有懸疑感、夜景感、嚴肅風格，適合小說封面、懸疑類 |
| 單色調 | 單一色調、藍色系、黑白風格 | 簡潔統一、藝術性高，適用品牌、資訊圖、封面圖 |
| 高對比 | 色彩對比強烈、明暗反差明顯 | 主題突出、吸引注意，適合廣告、海報、社群素材 |

## ❑ 中文提示詞設計技巧

在撰寫圖像提示詞時，可將色調詞語加在句末或風格詞語之後，例如：

- 一隻戴墨鏡的貓咪坐在泳池邊，插畫風格，色調明亮清新。
- 一位神秘男子走在空無一人的街道上，寫實風格，整體色調陰暗。
- 一張描繪未來城市的插畫，畫面為單色調深藍風格，強調科技感。
- 一隻彩色鸚鵡站在黑色背景前，畫面色彩對比強烈。

## ❑ 提示詞設計範例

**實例 1**：明亮色調。「一位小男孩在公園放風箏，插畫風格，色調明亮溫暖，背景為晴朗天空與綠色草地。」

- 應用場景：童書插圖、教育內容、品牌形象圖。

**實例 2**：陰暗色調。「一位戴帽子的男子站在夜晚下雨的巷口，寫實風格，畫面光影對比強烈，色調陰暗。」

- 應用場景：懸疑小說封面、都市題材短片、劇場海報。

9-1 圖像提示詞的基本結構解析

**實例 3**：單色調。「一張描繪宇宙星球與火箭的圖像，插畫風格，整體為單色藍色系，構圖簡潔、背景留白。」

- **應用場景**：簡報封面、科技品牌形象設計、教育動畫視覺素材。

9-17

第 9 章　圖像生成的提示詞設計

**實例 4**：高對比色調。「一隻紅色狐狸站在雪白背景的森林中，構圖集中，畫面色彩對比鮮明，插畫風格。」

- 應用場景：社群宣傳圖、封面插圖、主題活動視覺識別。

❑　結合情緒形容詞與色調詞語

| 情緒感受 | 可搭配色調用語範例 |
| --- | --- |
| 溫暖療癒 | 明亮、柔和、暖色系、夕陽金光 |
| 懸疑緊張 | 陰暗、低光源、藍灰色、冷色調 |
| 創新科技感 | 單色、深藍、螢光色調、黑白風 |
| 活潑童趣 | 高飽和、明亮色彩、色彩繽紛、對比強烈 |

❑　色調 × 主題 - 提示詞應用對照表

| 色調 \ 主題 | 人物 | 動物 | 建築 | 風景 | 物品 |
| --- | --- | --- | --- | --- | --- |
| 明亮 | 一位微笑的女子站在陽光草地上，插畫風格，色調明亮溫暖 | 一隻金色拉布拉多在晴朗的公園奔跑，色彩明亮，插畫風格 | 一棟純白色的現代別墅在藍天下，光線自然清新 | 春日山丘與藍天，色調明亮，綠意盎然 | 一個透明玻璃杯放在陽光灑落的木桌上，插畫風，色彩柔和 |

9-18

9-1 圖像提示詞的基本結構解析

| 色調 \ 主題 | 人物 | 動物 | 建築 | 風景 | 物品 |
|---|---|---|---|---|---|
| 陰暗 | 一位戴斗篷的男子站在黑暗小巷中，寫實風格，色調陰沉 | 一隻黑貓躲在濃霧森林中，陰暗色調，具神秘感 | 一座被遺棄的古老教堂，背景昏暗，風格寫實 | 夜晚雷雨中的海岸線，低光源，整體色調陰鬱 | 一把生鏽的鑰匙放在陰影籠罩的書桌上，畫面昏暗，構圖集中 |
| 單色 | 一位男子坐在藍色調房間中閱讀，整體為單一藍色系插畫風 | 一隻貓咪蹲坐在單色粉紅背景中，畫面極簡、邊緣柔和 | 一棟白色建築物在深灰單色背景下呈現簡約風格 | 一座雪山以單色灰階風格呈現，極簡冷調 | 一台老式打字機呈現在單色綠背景中，畫面統一，風格復古 |
| 高對比 | 一位穿紅色連身裙的女子站在雪白背景前，畫面對比強烈 | 一隻七彩鸚鵡停在黑色背景前，插畫風格，對比突出 | 一座黑白建築在夕陽橘光下，形成強烈色彩對比 | 黑夜中的金黃色麥田，畫面色塊分明，對比明顯 | 一個鮮紅色蘋果放在純白桌面上，構圖簡單，對比強烈 |
| 柔和 | 一位少女坐在窗邊看書，午後陽光灑落，色調柔和、溫馨 | 一隻兔子躺在粉色棉花床上睡覺，色調溫柔、夢幻風 | 一間日式茶室在春光中，色彩淡雅，柔光處理 | 湖畔夕陽倒影在水面，整體色調偏橘粉色，畫面柔和 | 一杯奶茶放在乾燥花旁，背景為淺米色桌面，畫面柔和且清新 |

❑ 總結

　　色調設定不僅影響圖像的「美感」，更影響「情境」、「情緒」與「應用性」。掌握明亮、陰暗、單色與高對比等關鍵詞的使用時機與搭配方式，可讓你創造出更具風格與目的導向的圖像內容。

## 9-1-5　細節控制 - 視覺焦點、材質、構圖比例、景深等

　　細節控制是讓圖像「從普通到出色」的關鍵。透過提示詞明確指出視覺焦點、材質質感、構圖比例與景深感，能讓 AI 生成的圖像更具層次、質感與專業感，提升實用性與美感。

❑ 為什麼細節設定很重要

　　即使主體、背景與風格都設定良好，若缺乏細節控制，畫面仍可能顯得模糊、呆板或不協調。細節讓 AI 更理解「觀眾的眼睛應該聚焦在哪裡」、「物品該呈現什麼質感」、「畫面有哪些景深層次」，這對於封面設計、商品示意圖、品牌插畫尤為重要。

## 四大細節控制項目解析

- 視覺焦點（Focus）：指定圖像中的主體為畫面焦點，可讓其他元素自動柔化或退場。

| 提示詞 | 功能說明 |
| --- | --- |
| 聚焦在女孩的臉上 | 確保視線集中在角色五官或表情 |
| 主角清晰，背景模糊 | 產生類似淺景深的攝影效果，突出主體 |
| 構圖集中，中央對焦 | 適合產品主圖、社群封面等用途 |

- 材質質感（Material / Texture）：明確指定物體的表面材質，可以大幅影響真實感或風格一致性。

| 提示詞 | 代表質感效果 |
| --- | --- |
| 金屬質感、鏡面反射 | 冷冽、科技感、適合 3C 產品 |
| 木頭紋理、手工雕刻 | 溫潤、自然、適合家具或文化主題插圖 |
| 絲綢光澤、羽毛質感 | 柔和、輕盈、適合角色服裝或高質感背景 |
| 石頭材質、粗糙表面 | 適合雕像、建築、歷史或工業場景 |

- 構圖比例與佈局（Composition / Ratio）：控制畫面中主體的佔比大小、視覺分布與空間位置。

| 中文提示詞 | 功能說明 |
| --- | --- |
| 主體佔畫面三分之二，偏左側 | 三分構圖法，適合社群貼文、美術設計 |
| 對稱構圖，畫面平衡 | 古典、穩重感，適合建築、封面用圖 |
| 留白構圖，畫面右下方主體，背景簡約 | 適合商業設計、加上文字、廣告圖之用 |
| 中央構圖，背景模糊 | 強調主角，用於產品主圖、人物介紹、縮圖 |

- 景深與光影（Depth / Lighting）：透過提示詞模擬攝影景深效果與光線角度，可讓畫面層次更豐富、氛圍更具張力。

| 中文提示詞 | 效果與應用 |
| --- | --- |
| 前景清晰，背景模糊 | 淺景深效果，焦點集中、構圖有層次感 |
| 光線從左上角射入 | 明確方向性光源，適合自然感構圖 |
| 柔和光線、陰影自然 | 適合療癒風格、插畫用圖 |
| 強烈逆光，形成剪影效果 | 適合戲劇感、情境敘事、海報設計等場景 |

9-1 圖像提示詞的基本結構解析

❑ 提示詞設計範例

**實例 1**：強調焦點與材質。「一杯透明玻璃杯中的柳橙汁放在白色桌面上，背景模糊，聚焦在杯子的水珠與冰塊，玻璃質感清晰，光線從右側射入。」

- 應用場景：飲品廣告圖、簡報用產品示意圖。

**實例 2**：留白與景深構圖。「一隻黃色橡皮鴨漂浮在藍色水面中，構圖偏左，背景留白，畫面中央聚焦在鴨子的眼睛與紋理，光影自然。」

- 應用場景：兒童教育圖像、品牌圖標封面、情緒系社群圖。

**實例 3**：角色服裝材質與燈光控制。「一位身穿絲綢長袍的女性站在高樓陽台上，夜景背景模糊，聚光燈從右上方打下，絲綢質感光澤明顯，構圖對稱，色調高對比。」

- **應用場景**：角色設計草圖、插畫封面、小說視覺概念圖。

❏ 總結

掌握細節控制，是讓 AI 生成圖像「精準、可用、具美感」的關鍵。不論是要讓主角更突出、物品更真實、畫面更有空間感，這些細節詞語都能有效引導 AI 呈現出你想像中的畫面。

## 9-2 圖像風格的應用與轉換技巧

不同的圖像風格不僅影響視覺感受，也影響內容傳達效果。根據應用情境，我們可針對提示詞加入明確的風格設定，從而生成具特色的插畫、攝影、扁平風圖像或寫實畫作。本節將透過多種風格範例，說明如何在提示詞中指定風格、結合參考藝術家名稱，甚至控制成像手法，提升創作多樣性與個人風格辨識度。

## 9-2-1 插畫風／漫畫風／水彩風／油畫風／攝影風格語法設計

圖像的「風格」決定了它的視覺語言與應用範圍。透過指定風格語法，我們可以讓 AI 生成不同美術媒材效果的圖像，如插畫、水彩、油畫等，使內容更符合品牌、故事或平台需求。

❏ **為何要設定風格**

不同風格會影響圖像的筆觸感、色彩層次、情緒氛圍與實用場景：

- 插畫風適合角色設計、童書封面、品牌視覺
- 漫畫風強調輪廓、情節性、表情豐富
- 水彩風帶有柔和與流動感，適合藝術插畫
- 油畫風筆觸厚重、色彩飽和，具有強烈藝術感
- 攝影風則追求真實與光影感，適合寫實用途

❏ **常見風格語法對照表**

| 風格類型 | 中文提示詞範例 | 特徵描述 | 應用情境 |
|---|---|---|---|
| 插畫風 | 插畫風格、手繪風格 | 線條清晰、色彩簡潔、構圖鮮明 | 童書封面、角色設計、商業視覺內容 |
| 漫畫風 | 漫畫風格、黑白漫畫風、日式漫畫風 | 黑白網點、誇張表情、動作線條 | 情境表現、情節敘述、人物互動 |
| 水彩風 | 水彩風格、淡彩手繪風、潑墨風格 | 色彩柔和、有筆觸層次、水染效果 | 藝術明信片、日誌插圖、夢幻風插畫 |
| 油畫風 | 油畫風格、印象派風格、厚塗風格 | 筆觸明顯、色彩濃烈、畫面深邃 | 美術海報、文化主題創作、藝術輸出作品 |
| 攝影風 | 攝影風格、寫實風格、自然光攝影 | 細節真實、光影分明、近似實景 | 產品示意圖、場景模擬、生活風格圖像 |

❏ **提示詞設計範例**

**實例 1**：插畫風。「一隻正在閱讀書籍的貓咪坐在窗邊，插畫風格，色彩溫暖，背景有秋天的落葉與咖啡杯。」

- 應用場景：社群貼文插圖、教育用素材、封面設計。

第 9 章　圖像生成的提示詞設計

**實例 2**：漫畫風。「一位表情驚訝的少年，漫畫風格，黑白色調，背景為城市街道，構圖類似分鏡畫面。」

- 應用場景：故事分鏡、角色開發、社群創作。

**實例 3**：水彩風。「一片靜謐的湖泊倒映天空，畫面以水彩風格繪製，色調柔和，邊緣帶有暈染效果。」

- 應用場景：藝術明信片、文學插圖、室內裝飾圖。

**實例 4**：油畫風。「一位穿著藍色長裙的女子站在向日葵田中，油畫風格，筆觸厚重，背景色彩飽和，仿梵谷畫風。」

- 應用場景：藝術展板、文藝海報、藝術 NFT 插畫。

**實例 5：攝影風**。「一副黑框眼鏡放在開啟的書本上，攝影風格，背景為木質書桌與柔和自然光，構圖集中在鏡架細節，整體畫面清新安靜。」

- **應用場景**：眼鏡品牌形象照、產品型錄、文青風社群貼文。

### ❏ 提示詞撰寫技巧補充

1. 風格詞語置於句尾或主體後方：
   - 「一位穿西裝的男子站在街上，插畫風格」
   - 「一隻飛翔的鳥，油畫風，色彩強烈」
2. 搭配藝術家風格描述（可選）：
   - 「以梵谷畫風呈現」、「仿村上隆風格」
   - 注意：DALL·E 對藝術家名稱的理解相對有限，Midjourney 更精準
3. 搭配材質與筆觸效果描述詞：
   - 水彩風 +「帶有水暈效果」
   - 油畫風 +「筆觸厚重」
   - 插畫風 +「邊緣清晰、色塊分明」

❑ 總結

風格不只是「畫面樣子」，更是「內容語氣」的延伸。選對風格，不僅讓圖像更吸引目標受眾，也能強化品牌與故事傳達效果。熟悉插畫、漫畫、水彩、油畫與攝影風的語法運用，將使你在視覺創作中更具表現力與控制力。

## 9-2-2 「參考藝術家」語法設計

在進行風格化圖像生成時，加入「參考藝術家」的語法可快速讓 AI 套用特定畫風。這是一種高度有效的風格控制技巧，尤其適合創作者想呈現具辨識度或藝術性圖像時使用。

❑ 為什麼使用「參考藝術家」

每位藝術家都有獨特的創作風格，AI 模型在訓練過程中學習了這些風格的筆觸、色彩、構圖與氣氛，因此透過輸入「風格像 XX 藝術家」，就能快速生成接近該風格的圖像。

這種方式適合用於：

- 藝術模擬（如仿梵谷、莫內、宮崎駿等風格）
- 跨風格創作（如「貓咪 × 畢卡索風格」）
- NFT 插畫、美術展概念圖、視覺實驗

❑ 常見藝術家與對應風格參考表

| 藝術家 | 風格特徵 | 中文提示詞範例 |
| --- | --- | --- |
| 梵谷（Van Gogh） | 粗獷筆觸、旋轉筆勢、強烈色彩 | 一座鄉村房屋，風格如梵谷的畫 |
| 莫內（Monet） | 印象派、光影變化、水面反射 | 一片睡蓮池塘，以莫內風格呈現 |
| 畢卡索（Picasso） | 立體主義、變形結構、強烈形狀 | 一位女人的肖像，以畢卡索風格繪製 |
| 草間彌生（Yayoi Kusama） | 波點、強烈圖騰重複、明亮色塊 | 一棵樹，以草間彌生的風格繪製，帶有圓點圖樣背景 |
| 宮崎駿（Hayao Miyazaki） | 柔和動畫風、自然細節、奇幻感 | 一座森林小屋，仿宮崎駿風格，氣氛夢幻溫暖 |

# 第 9 章　圖像生成的提示詞設計

## ❏ 提示詞語法設計方式

你可以在提示詞中加入：

- 「風格如……的畫」
- 「以……風格繪製」
- 「畫風類似……」
- 「仿……風格」

語句示範：

「一隻狐狸站在田野中，風格如梵谷的畫，筆觸強烈，色彩飽和」

「一位少女坐在窗邊看書，以莫內風格繪製，光線柔和」

「一張城市風景圖，畫風類似宮崎駿的動畫風格」

「一位機器人，仿草間彌生風格，全身佈滿彩色圓點」

## ❏ 提示詞設計範例

**實例 1**：梵谷風格。「一片麥田上有幾隻飛翔的烏鴉，風格如梵谷的畫，筆觸粗重，色彩對比強烈。」

- 應用場景：藝術練習、文化教材、情緒視覺化圖像。

**實例 2**：莫內風格。「一座睡蓮池塘,畫風如莫內的畫,色彩柔和,筆觸鬆散,水面倒映著模糊的天光與柳樹。」

- 應用場景:藝術明信片、風景插圖、詩集封面。

**實例 3**：畢卡索風格。「一位彈吉他的老人,以畢卡索風格繪製,畫面由幾何形狀組成,臉部變形,色調為深藍與灰色,畫面充滿孤獨感。」

- 應用場景:視覺實驗、藝術主題插畫、情感類作品封面。

**實例 4**：宮崎駿動畫風。「一位男孩在森林中與小動物對話，畫風類似宮崎駿的動畫，色彩柔和，背景為樹屋與飛行器。」

- 應用場景：角色故事草圖、親子繪本插圖、遊戲氛圍參考圖。

**實例 5**：草間彌生。「一顆巨大南瓜坐落在無盡的紅色圓點空間中，以草間彌生的風格繪製，色塊鮮明、圖案重複，畫面帶有強烈視覺衝擊。」

- 應用場景：當代藝術主題、展覽視覺設計、NFT 插畫。

## ❑ 實用技巧建議

- 盡量使用具知名度的藝術家（如印象派大師、現代插畫家），系統辨識率較高
- 搭配主體與風格特徵關鍵詞（如筆觸、色塊、重複圖騰）能增強效果
- 避免同時指定兩位風格差異過大的藝術家（容易造成混亂結果）
- 可加入「仿……風格，但主題現代」來創造創意對比，如：「一支智慧手錶，以達利風格繪製，畫面具有超現實感。」

## ❑ 總結

「參考藝術家語法」是風格設計中最具創造力的提示技巧之一。它不僅能快速套用藝術風格，更能為創作帶來文化感、辨識度與藝術性。只要熟悉常見畫風與描述語法，你就能與 AI 合作出獨一無二的視覺作品。

### 9-2-3 商業風格一致性提示詞技巧

在商業應用中，圖像不只是裝飾，更是品牌風格的延伸。透過設計一致的提示詞，我們可以讓 AI 產出多張在風格、色系與構圖上統一的圖像，建立視覺識別與內容品質的專業感。

# 第 9 章　圖像生成的提示詞設計

## ❑ 為什麼「風格一致性」對商業圖像很重要

無論是社群貼文、廣告視覺、簡報封面、電商圖片或品牌官網素材，保持圖像的風格一致能提升品牌的專業度與識別力。風格一致性的表現包含：

- 色調一致（如全系列為柔和粉色系）
- 構圖一致（主體偏右、背景留白）
- 筆觸與風格一致（全部為插畫風或攝影風）
- 背景處理一致（皆模糊／皆留白／皆帶空間感）

## ❑ 商業場景常見的圖像一致性需求

| 使用場景 | 一致性要素 | 範例說明 |
| --- | --- | --- |
| IG 品牌貼文 | 色系、角色風格、排版構圖 | 六張圖都使用相同色系與人物畫風，構圖統一 |
| 電商商品頁 | 背景、光線、角度 | 所有產品都在白色背景、右側光源、俯視構圖下拍攝 |
| 企業簡報封面 | 色調、筆觸、邊角設計 | 所有圖像皆為插畫風格，搭配留白邊框與標題空間 |
| NFT 藝術收藏 | 畫風、構圖比例、角色設定 | 所有角色皆為像素風格、方形構圖，表情與服裝規則一致 |

## ❑ 提示詞設計技巧 - 讓多張圖呈現一致性

以下是建立一致性提示詞時，應注意的幾個維度：

- 統一風格詞：使用相同的風格描述，如「插畫風」、「攝影風」、「水彩風」。例如：
  - 「一隻拿著雨傘的柴犬，插畫風，色調柔和。」
  - 「一隻跳舞的貓咪，插畫風，背景簡單，色調一致。」
- 統一構圖與視角：控制主體位置與拍攝角度，如「構圖偏左」、「從上往下拍」、「三分構圖法」。例如：
  - 「一杯茶放在木桌上，構圖偏右，背景模糊。」
  - 「一盤甜點擺在畫面左下方，構圖與上一張相同。」

- 統一色調與光影語氣：使用「色調一致」描述，如「暖色調」、「冷色系」、「高對比」。例如：
  - 「一支化妝刷躺在淡粉色背景上，攝影風，色調柔和。」
  - 「一瓶香水放在淡粉色石板上，攝影風，光影自然。」
- 加入應用語境提示詞：明確指出圖像的用途，可影響排版與主體呈現方式。例如：
  - 「適合社群圖像使用，構圖保留空間可加文字。」
  - 「圖像用於電商封面，主體集中，背景乾淨留白。」

❑ 提示詞設計範例

品牌系列圖像範例一：生活風用品系列

**實例 1**：牙刷。「一支白色環保牙刷放在米色背景上，插畫風，構圖偏左，色調柔和，適合社群圖像。」

**實例 2**：毛巾。「一條捲起的米色毛巾放在相同背景與構圖方式中，插畫風，整體一致，留有文字空間。」

品牌系列圖像範例二：手作甜點系列（攝影風）

**實例 3**：杯子蛋糕。「一顆草莓杯子蛋糕放在木桌上，攝影風格，背景為模糊廚房，光線從右側射入，色調明亮。」

**實例 4**：餅乾。「一盤巧克力餅乾放在同樣木桌上，構圖與上一張一致，攝影風，保持光影方向與色溫相同。」

❑ **進階技巧 - 建立「提示詞模板」**

為提升效率與品質一致性，可事先撰寫提示詞模板，並依主體更換關鍵詞即可。

- 提示詞模板範例
    - 一個 [ 產品名稱 ] 放在 [ 背景設定 ]，[ 風格 ]，構圖 [ 方式 ]，色調 [ 色系 ]，適合用於 [ 用途 ]。
    - 應用：一個木製名片盒放在灰色桌面上，插畫風，構圖偏右，色調冷灰色，適合用於電商封面。

❑ **總結**

商業圖像的價值不只在單張視覺效果，更在「整體一致的視覺語言」。透過提示詞的風格、色調、構圖與光線控制，我們可以快速批量產出視覺統一的圖像素材，大幅節省設計資源，同時強化品牌辨識度。

## 9-2-4 同一主題多風格轉換實例

透過不同風格對同一主題進行圖像生成，是驗證提示詞掌握度與風格語感轉換能力的絕佳方法。本節將示範如何用相同主題搭配不同風格提示詞，創造出多樣化的視覺效果。

❏ 為何要做「多風格轉換」

在品牌設計、藝術創作或內容視覺企劃中，我們常需要依據不同平台或觀眾調性產出多版本、風格不一的圖像，例如：

- 社群貼文需用插畫風（溫暖）
- 海報用油畫風（厚重）
- NFT 用像素風（復古）
- 商品形象照用攝影風（真實）

而「同一主題」能幫助我們維持主軸一致性，在風格轉換下強化視覺延伸。

❏ 主題設定與風格變化實例

以「一隻坐在草地上的貓咪」為主題，以下展示 5 種風格的轉換提示詞：

**實例 1**：插畫風。「一隻坐在草地上的貓咪，插畫風格，色彩鮮明，背景為藍天白雲，畫面溫暖療癒。」

- 氛圍：親切、可愛、適合社群或教育內容。

**實例 2**：水彩風。「一隻貓咪坐在草地上，水彩風格，邊緣暈染柔和，色調淡雅，背景為朦朧山景。」

- 氛圍：詩意、夢幻，適合藝術明信片、散文封面。

**實例 3**：油畫風。「一隻貓咪坐在草地上，油畫風格，筆觸粗重，色彩厚塗，畫面有強烈光影層次，背景為鄉村田園。」

- 氛圍：經典、藝術性高，適合文藝展覽、收藏主題圖像。

9-2 圖像風格的應用與轉換技巧

**實例 4**：像素風。「一隻貓咪坐在草地上，像素風格，背景有方塊雲與太陽，畫面具 8 位元遊戲感，色彩簡單高對比。」

- 氛圍：趣味、懷舊，適合 NFT、遊戲主題插圖。

**實例 5**：攝影風。「一隻真實的貓咪坐在草地上，攝影風格，構圖清晰，背景為自然陽光與模糊遠景，主體聚焦，光影自然。」

- 氛圍：寫實、生活感，適合電商示意圖或品牌宣傳素材。

第 9 章　圖像生成的提示詞設計

❏　**多風格轉換對照整理表**

| 風格 | 色彩傾向 | 筆觸／細節特徵 | 適合用途 |
|---|---|---|---|
| 插畫風 | 鮮明、扁平 | 線條清楚、畫面簡潔 | 社群貼圖、教育素材 |
| 水彩風 | 柔和、暈染 | 色塊流動、邊緣模糊 | 藝術創作、詩集／散文封面 |
| 油畫風 | 濃烈、厚重 | 筆觸強烈、光影明顯 | 藝術海報、展覽視覺 |
| 像素風 | 高對比、塊狀 | 點陣格子、8 位元風格 | 遊戲角色、NFT 收藏、復古設計 |
| 攝影風 | 寫實自然 | 細節清楚、光線真實 | 商品圖片、情境照片、生活化形象素材 |

❏　**延伸應用技巧**

- 建立主題模板：設定固定主題後，只需替換風格詞，即可快速產出多版本圖像。
- 標記應用平台：在提示詞中加入用途，如「適合用於 Instagram 帳號主視覺」。
- 與品牌風格配合：選擇符合品牌語調的風格，或為同一主題建立不同語氣視覺版本。
- 搭配批次生成：在平台允許的情況下，一次生成多風格供選擇與比對使用。

❏　**總結**

同一主題進行多風格轉換，不僅能拓展視覺表現力，也能提升內容的靈活應用度與創作效率。只要設計好一組清晰的提示詞結構，就能在不改變主題的前提下，快速切換圖像風格，達成一致中求變的視覺策略。

## 9-3　圖像生成的商業應用場景

AI 圖像生成工具不僅適合藝術創作，也能高效應用於商業設計與內容行銷領域。從社群圖像、產品情境圖、封面設計，到角色草圖與簡報圖示，只要提示詞設計得當，即可快速產出可用素材。本節將介紹常見的圖像生成應用場景，並說明如何針對用途進行語句調整與產出控制，讓創作兼顧速度與品質。

### 9-3-1　商品情境圖設計提示詞

商品情境圖能讓顧客迅速理解產品用途與質感，是廣告、電商與社群行銷不可或缺的視覺資產。透過清楚的提示詞設計，可快速產出符合風格、背景與構圖需求的商品圖像。

## 9-3 圖像生成的商業應用場景

❑ **為什麼要生成商品「情境圖」**

相較於單一商品圖，情境圖具備以下優勢：

- 提升產品說服力（讓使用情境更具象）
- 建立品牌風格一致性（背景、色系統一）
- 節省攝影與佈景成本（用 AI 直接生成應用場景）
- 快速製作多款主題版本（節慶、戶外、室內等）

❑ **商品情境圖提示詞設計核心要素**

| 元素類型 | 提示詞設計建議 |
| --- | --- |
| 產品名稱 | 明確說明商品本體（如：保溫瓶、手工皂、手錶） |
| 使用情境 | 加入生活化背景與動作（如：放在木桌上、正在倒水） |
| 材質／質感 | 強調材質（如：霧面金屬、透明玻璃、陶瓷） |
| 構圖與角度 | 明確視角（如：俯視構圖、偏右構圖、特寫） |
| 光線與氛圍 | 加入光線描述（如：柔光、自然光、逆光） |

**實例 1**：保溫瓶（桌面展示）。「一個白色霧面保溫瓶放在木質辦公桌上，構圖偏右，插畫風格，光線從左上方灑落，背景為模糊筆電與筆記本，色調自然柔和。」

- 應用場景：網路廣告圖、品牌官網視覺、社群用圖。

**實例 2**：手工皂（浴室情境）。「一塊橄欖手工皂放在石質洗手台邊，背景為模糊的毛巾與植物，攝影風格，色彩自然，強調產品質感與環保氛圍。」

- 應用場景：產品型錄、包裝設計展示、電商情境照片。

**實例 3**：運動手錶（戶外情境）。「一支黑色智慧運動手錶戴在跑步者的手腕上，背景為晨光中的森林步道，構圖為斜角特寫，攝影風格，畫面強調防汗與運動感。」

- 應用場景：戶外用品官網、社群廣告、產品發布圖。

## ❑ 常見商品 × 情境組合參考表

| 商品類型 | 情境背景描述建議 |
|---|---|
| 馬克杯 | 放在咖啡館木桌上，背景有書與窗外光線 |
| 香氛蠟燭 | 擺在浴缸邊，背景有泡泡與花瓣，氣氛放鬆 |
| 手機殼 | 手持使用中，背景為咖啡廳或書桌，強調質感與保護力 |
| 背包 | 放在椅子上或模特兒背著走在街頭，強調實用與時尚性 |
| 鞋子 | 放在地毯上／穿著走在街上，視角低角度特寫，背景模糊 |

## ❑ 進階技巧 - 建立「提示詞模板」

為提升效率與品質一致性，可事先撰寫提示詞模板，並依主體更換關鍵詞即可。

- 提示詞模板範例

  - 一個【商品名稱】放在【使用情境】，構圖【偏左／偏右／正中】，風格【攝影風／插畫風】，背景為【場景描述】，光線為【柔光／自然光／棚燈】。
  - 應用：一個陶瓷馬克杯放在窗邊的白色木桌上，插畫風格，構圖偏右，背景為模糊的盆栽與書本，光線自然柔和。

## ❑ 總結

商品情境圖不僅能提升產品視覺表現力，更能讓客戶感受到「產品如何融入生活」。只要設計得當的提示詞，就能讓 AI 快速生成一張專業度極高的商業視覺圖。下一節，我們將介紹書籍封面與簡報插圖的提示詞設計方式，應對不同內容場景的商業圖像需求。

## 9-3-2 書籍封面／簡報插圖／電商素材設計範本

圖像生成 AI 不僅能創作藝術插圖，也能高效支援商業內容設計。透過精準提示詞，我們可以產出具專業感的書籍封面、簡報插圖與電商素材，節省設計時間並維持視覺一致性。

## ❑ 商業應用的三大圖像需求

| 類別 | 圖像重點 | 常見應用情境 |
|---|---|---|
| 書籍封面 | 構圖中心、主題鮮明、文字區塊留白 | 小說、專書、電子書、報告書封面 |
| 簡報插圖 | 圖解簡潔、主題對應、無干擾背景 | 簡報投影片、內部提案、教育課件 |
| 電商素材 | 商品清晰、構圖集中、背景留白／情境對照 | 官網主視覺、商品頁、活動圖、社群貼文 |

第 9 章　圖像生成的提示詞設計

❑　**書籍封面設計提示詞**

書籍封面圖像需具備故事性、構圖平衡與標題留白空間，常見要求包括：

- 主題明確（如「科幻城市」、「療癒動物」、「懸疑夜景」）
- 色調一致（如「黑白對比」、「柔和藍紫色系」）
- 構圖規劃（如「中央主體」、「上方留白可放標題」）

**實例 1：**小說封面。「一位獨自走在下雪城市街道的女子，插畫風格，色調冷色系，畫面中央為主體，背景模糊，上方留白，適合用於懸疑小說封面。」，可參考下方左圖。

- 應用場景：懸疑／心理類書籍封面、文學小說插圖、電子書包裝。

❑　**電商素材設計提示詞**

電商用圖需強調商品清晰呈現與視覺吸引力，常見類型包括：

9-42

9-3 圖像生成的商業應用場景

- 產品主圖（白底、居中、無干擾）
- 情境圖（放入生活背景、搭配使用者）
- 活動主視覺（加光效、動感、促銷氣氛）

**實例 2**：保養品商品圖。「一瓶玻璃質感的保濕精華液放在白色大理石桌上，攝影風格，光線自然，背景為模糊的綠色植物，構圖集中在瓶身，適合用於電商主圖與情境圖。」，可參考上方右圖。

- 應用場景：美容保養品官網、社群行銷圖、折扣活動頁面視覺。

❏ 簡報插圖設計提示詞

簡報插圖強調視覺輔助功能，應避免過於複雜。設計時需考慮：

- 單一概念呈現（如「一人爬山象徵挑戰」、「燈泡象徵創意」）
- 色彩乾淨（便於文字覆蓋）
- 留白多，無過多背景干擾

**實例 3**：創意思維簡報圖。「一個點亮的黃色燈泡浮在藍色背景中央，插畫風格，背景簡潔，畫面有留白空間，適合用於簡報封面或思維啟發主題。」

- 應用場景：創意簡報、策略討論、會議開場插圖。

第 9 章　圖像生成的提示詞設計

❏　**製作一致性小技巧**
- 設定固定構圖模板：如「構圖偏右＋背景模糊＋自然光」
- 統一風格與色系：簡報插圖皆用插畫風、封面圖統一冷色系
- 明確圖像應用位置：提示詞中說明「適合用於封面／簡報／商品頁」

❏　**提示詞結構範本**
- 一個【主體／產品】放在【場景／背景】中，風格為【插畫風／攝影風】，構圖【偏右／中央／對稱】，色調【明亮／高對比】，適合用於【書籍封面／簡報插圖／電商素材】。
- 應用：一隻貓咪坐在夕陽下的窗台邊，插畫風，構圖偏左，背景柔和，畫面留白，適合用於散文書封面。

❏　**總結**

商品情境圖不僅能提升產品視覺表現力，更能讓客戶感受到「產品如何融入生活」。只要設計得當的提示詞，就能讓 AI 快速生成一張專業度極高的商業視覺圖。下一節，我們將介紹書籍封面與簡報插圖的提示詞設計方式，應對不同內容場景的商業圖像需求。

## 9-3-3　角色形象草圖（遊戲／品牌人物）

角色形象是視覺品牌與內容敘事的靈魂。無論用於遊戲、品牌吉祥物或動畫開發，透過清楚的提示詞設計，我們可以快速生成風格一致、具辨識度的角色草圖，提升開發效率與創意表現力。

❏　**為什麼角色草圖生成這麼重要？**

在以下場景中，角色圖像是核心元素：

| 應用場景 | 角色功能 |
| --- | --- |
| 遊戲開發 | 玩家角色、NPC、敵人形象草圖 |
| 品牌設計 | 吉祥物、公仔形象、企業擬人化代表人物 |
| 教育／出版 | 教學插畫角色、兒童繪本主角、角色互動畫面 |
| 影片動畫 | 劇情人物設定、分鏡草圖、動畫初稿視覺 |

## 9-3 圖像生成的商業應用場景

### ❏ 提示詞設計的四大核心元素

#### ① 角色定位與描述

| 項目 | 提示詞寫法範例 |
| --- | --- |
| 身分／職業 | 一位太空船上的工程師、一位貓咪型機器人 |
| 年齡特徵 | 一位中年男性、一位 8 歲的活潑女孩 |
| 個性設定 | 表情自信／害羞／開朗／神秘 |
| 動作或姿勢 | 雙手叉腰／正在奔跑／坐在椅子上／面帶微笑 |

#### ② 服裝與配件設定

| 元素 | 提示詞範例 |
| --- | --- |
| 服裝風格 | 穿著未來風格戰鬥服／穿著日式學生制服／穿著西部牛仔裝 |
| 配件道具 | 背著劍／戴耳機／拿著書／手持魔法球 |
| 細節材質 | 金屬質感胸甲／透明眼鏡／皮革靴 |

#### ③ 風格設定（可參考先前內容）

| 類型 | 說明 |
| --- | --- |
| 插畫風 | 鮮明輪廓、色彩清晰，適合商業視覺 |
| 漫畫風 | 強調角色表情與動態，有敘事感 |
| 像素風 | 適合復古遊戲與 NFT 系列角色 |
| 水彩風 | 柔和、夢幻、適合童書與故事書 |

#### ④ 背景與構圖

- 常見構圖詞：特寫／站在畫面中央／俯視角／側面構圖
- 常見背景詞：白色背景（便於剪圖）、教室／太空船艙／草地等情境
- 若要用於剪圖建議加上：「背景為純白或留白」

### ❏ 提示詞設計範例

**實例 1**：遊戲角色設計草圖。「一位穿著機械裝甲的年輕女戰士，站在太空船艙內，插畫風格，臉上表情堅定，手握雷射槍，背景為科技感儀表板，構圖為正面特寫。」

- **應用場景**：科幻遊戲角色草圖、角色卡牌、封面插圖。

**實例 2**：品牌吉祥物角色設計。「一隻微笑的藍色熊站在綠色草地上，插畫風格，臉型圓潤、眼神友善，手上舉著品牌旗幟，背景簡單，構圖偏右，風格可愛溫馨。」

- **應用場景**：品牌形象角色、社群貼圖、公仔設計參考圖。

**實例 3**：教育用角色插圖。「一位戴眼鏡、手拿書本的女老師站在黑板前，漫畫風格，表情親切，背景為教室，構圖為上半身特寫，畫面留白。」

- 應用場景：教學海報插圖、課本角色、學習互動卡。

### ❏ 製作多角色一致性的提示詞技巧

- 固定風格 + 架構詞句：
    - 一位【角色描述】站在【背景】，風格為插畫風，表情【情緒】，構圖【方式】，色調一致

- 建立角色提示詞模板（供批次建立整個角色宇宙）：

| 角色名稱 | 提示詞關鍵詞 |
| --- | --- |
| 火焰騎士 | 穿著紅色盔甲、手握火焰劍、表情堅定、背景為火山岩地 |
| 冰霜法師 | 穿著藍色長袍、手持冰杖、眼神冷靜、背景為雪山與冰晶城堡 |
| 風行弓手 | 穿著綠色輕甲、背著弓箭、正在林間奔跑、背景為樹林與微風 |

### ❏ 總結

　　AI 角色圖像生成不再只是藝術實驗，而是遊戲、品牌與教育等產業的重要設計工具。只要掌握角色定位、服裝、風格與構圖的提示詞語法，你就能快速建立角色草圖，甚至打造完整的角色宇宙世界觀。

## 9-3-4 多圖一致性提示詞技巧（如色系、構圖統一）

在商業設計或內容行銷中，圖像不僅要吸引人，更要保持整體風格一致性。透過提示詞統一色系、構圖、風格與構圖比例，可有效產出多張視覺調性一致的圖像，用於品牌與專案中。

❏ **為什麼「多圖一致性」很重要**

無論是產品系列圖、品牌社群視覺、電商頁面、課程教材或 NFT 收藏卡，保持多張圖片風格一致能帶來以下好處：

- 增強品牌辨識度與視覺連貫性
- 提升頁面設計的整齊感與專業度
- 方便圖像整合、排列與應用
- 減少後製加工時間

❏ **四種提示詞控制元素：建立多圖一致性的關鍵**

① 色系一致

在提示詞中加入統一的色調，可參考下表與實例說明。

| 色系風格 | 中文提示詞範例 |
| --- | --- |
| 柔和風格 | 色調柔和／使用米色與淡粉色系 |
| 冷色風格 | 冷色系為主／整體偏藍灰色調 |
| 高對比風格 | 色彩對比強烈／紅色主體搭配深色背景 |
| 黑白系列 | 黑白構圖／單色插畫風格／線條黑白風格 |

- 一隻貓坐在書桌上，插畫風格，色調柔和，以米白與淺綠為主。
- 一本打開的書放在木桌上，插畫風格，色調柔和，同樣以米白與淺綠為主。

② 構圖一致

使用明確的構圖結構詞,可參考下表與實例說明。

| 構圖方式 | 中文提示詞範例 |
|---|---|
| 中央構圖 | 主體位於畫面中央 |
| 偏右構圖 | 主體偏右,左方留白 |
| 對稱構圖 | 左右對稱畫面／畫面平衡 |
| 三分構圖法 | 主體放在畫面三分之一處,構圖符合三分法 |

- 一台筆電放在辦公桌上,攝影風,構圖偏右,背景模糊。
- 一杯咖啡放在相同位置,構圖偏右,攝影風,光線方向一致。

③ 背景與風格一致

確保使用相同的背景與視覺語言,可參考下表與實例說明。

| 控制項目 | 中文提示詞設計方式 |
|---|---|
| 背景一致 | 背景為純白／模糊的書房背景／木桌背景 |
| 風格一致 | 插畫風／攝影風／像素風／手繪風 |
| 材質一致 | 木紋桌面／霧面玻璃／金屬材質 |

- 一支手錶放在霧面木質桌面上,攝影風,背景模糊。
- 一支鋼筆放在相同木質桌面,攝影風,背景一致、光影一致。

④ 用途與應用一致性說明

透過提示詞說明圖像用途,有助 AI 自動調整空間與留白,可參考下表與實例說明。

| 圖像用途 | 中文提示詞應加上 |
|---|---|
| 書籍封面圖 | 適合用於書籍封面,畫面上方留白可加標題文字 |
| 社群貼文圖 | 適合 Instagram 貼文,畫面色彩鮮明,構圖偏右 |
| 商品展示圖 | 適合用於電商商品頁,構圖集中,背景留白 |

- 一雙白色球鞋放在白色背景上,攝影風格,主體置中,背景留白,適合用於電商商品展示圖

第 9 章　圖像生成的提示詞設計

❑ **多圖一致性提示詞設計範例**

主題：三件生活用品（筆電、咖啡杯、筆記本）

共用設定提示詞元素：

- 插畫風格
- 色調為淺灰與米白色系
- 構圖皆偏右，左側留白
- 背景為木紋桌面，光線柔和

實例 1：（筆電）。「一台銀色筆電放在木桌上，插畫風格，構圖偏右，背景模糊，色調柔和，以米白與淺灰為主。」，可參考下方左圖。

實例 2：（咖啡杯）。「一杯白色咖啡杯放在相同木桌上，插畫風格，構圖偏右，色系與前張圖一致。」，可參考下方中間圖。

實例 3：（筆記本）：「一本打開的筆記本，插畫風格，背景相同，構圖位置一致，色調為米白與淺褐色系。」，可參考下方右圖。

❑ **總結**

「多圖一致性」提示詞技巧，能讓你的圖像產出具備整體性與視覺邏輯，不論應用於品牌設計、商品展示或教育教材，都能展現高品質的視覺規劃能力。善用色系、構圖、背景與風格統一策略，AI 圖像也能具備「設計感」。

# 9-4 多語提示詞與關鍵詞選用技巧

許多圖像生成平台支援多語言輸入，但英文仍為最穩定的通用語。了解不同語系提示詞的轉換策略，有助於提升圖像輸出品質與控制力。本節將介紹中英提示詞差異、關鍵字選用與翻譯技巧，並提供常用的描述性詞彙與風格語彙表，幫助讀者跨語言使用圖像平台更具效率。

## 9-4-1 中 → 英提示詞轉換原則

雖然 DALL·E 支援中文提示詞，但部分圖像平台（如 Midjourney）對英文理解更準確。因此掌握中→英提示詞轉換原則，有助於提升輸出品質與細節控制能力。

❑ **為什麼要學會中轉英提示詞**

- 提升平台兼容性：部分 AI 工具如 Midjourney、Leonardo.ai 對英文提示詞支持更完整
- 提升描述精準度：英文關鍵詞詞庫廣泛，語意模糊度較低
- 利於跨平台運作：可快速將中文構思套用至支援英文的圖像生成平台中

❑ **中 → 英提示詞轉換的四大原則**

① 主體詞彙準確翻譯（Who / What）

將主體（人物、物品、動物）清楚翻譯為英文詞彙，建議使用常見詞組 修飾語。

| 中文描述 | 英文提示詞 |
| --- | --- |
| 一隻穿太空服的狗 | a dog wearing a space suit |
| 一位微笑的女老師 | a smiling female teacher |
| 一杯正在冒煙的咖啡 | a steaming cup of coffee |

建議使用：

- 單數冠詞 a/an
- 加入動作或狀態（如 smiling、sitting）

# 第 9 章　圖像生成的提示詞設計

## ② 背景與場景準確補足（Where）

背景資訊會影響整體構圖與情境，轉換時盡量保持地點或時間氣氛不漏譯。

| 中文描述 | 英文提示詞 |
| --- | --- |
| 坐在森林裡的女孩 | a girl sitting in a forest |
| 騎著腳踏車穿越雨中的城市街道 | riding a bicycle through a rainy city street |
| 躺在草地上仰望星空的少年 | a boy lying on the grass looking at the stars |

## ③ 風格與構圖類型清晰定義（How）

風格、構圖、視角等詞語是 AI 理解圖片質感與構成的核心關鍵。

| 中文提示詞 | 英文提示詞 |
| --- | --- |
| 插畫風 | in illustration style |
| 攝影風 | in photo-realistic style |
| 水彩風 | watercolor texture |
| 構圖偏左 | subject positioned on the left |
| 仰視角構圖 | low angle view |

## ④ 色調與氛圍情感翻譯（Feeling / Mood）

加入「色調」、「情緒」相關描述詞，可強化畫面感與氛圍。

| 中文提示詞 | 英文提示詞 |
| --- | --- |
| 色調明亮 | bright color tone |
| 陰暗氛圍 | dark and moody atmosphere |
| 柔和光線 | soft natural lighting |
| 科幻感 | futuristic vibe |
| 夢幻色彩 | dreamy pastel colors |

❑ 中文 → 英文完整提示詞轉換實例
- 中文提示詞：一位坐在咖啡館窗邊閱讀的女子，插畫風格，色調柔和，構圖偏右，背景為模糊的街道與綠植，畫面留白，適合用於書籍封面
- 對應英文提示詞：a woman sitting by a window reading in a cafe, in illustration style, with soft color tones, subject positioned on the right, background with blurred street and plants, composition with white space, suitable for a book cover

❑ 小技巧：常見提示詞對照表

| 中文 | 英文對應 |
| --- | --- |
| 插畫風 | illustration style |
| 像素風 | pixel art |
| 模糊背景 | blurred background |
| 主體特寫 | close-up of the subject |
| 顏色柔和 | soft tones |
| 對比強烈 | high contrast |

❑ 總結

掌握「中 → 英」提示詞轉換原則，是進階圖像生成者的必要能力。只要從「主體 → 背景 → 構圖 → 色調 → 氛圍」五個層次出發，逐句補足關鍵詞彙，就能將中文想像精準轉化為 AI 能理解的英文指令。

## 9-4-2 常用圖像關鍵字列表（色彩／角度／風格／動作）

一組有效的提示詞通常由多個關鍵詞組成，包括色彩、角度、風格與動作。熟悉這些常用圖像語彙，可大幅提升圖像生成的精準度與視覺效果，是設計專業與創作者的實用工具。

❑ 色彩（Color）關鍵詞

色彩關鍵詞能傳達情緒、品牌風格與主題氛圍，是圖像提示詞中最常用的描述元素之一。

# 第 9 章　圖像生成的提示詞設計

| 中文詞語 | 英文關鍵詞 | 用途與氛圍 |
| --- | --- | --- |
| 柔和色調 | soft tones | 溫暖、療癒、自然風格 |
| 冷色系 | cool color palette | 科技、理性、沉穩 |
| 暖色系 | warm colors | 活力、溫馨、節慶氛圍 |
| 高對比 | high contrast | 衝擊感、主體突出 |
| 單色風格 | monochrome | 簡約、高級感、極簡設計風格 |
| 夢幻粉彩 | pastel colors | 少女風、幻想主題、輕柔浪漫 |
| 色彩繽紛 | vibrant / colorful | 活潑可愛、童趣風格、創意行銷素材 |

## ❑ 構圖與角度（Angle / Composition）

　　構圖與拍攝角度控制的是圖像的「視覺焦點」與「主體位置」，對畫面效果有決定性影響。

| 中文詞語 | 英文關鍵詞 | 用途描述 |
| --- | --- | --- |
| 正面視角 | front view | 展示主體清楚細節，常用於人物、產品封面 |
| 側面視角 | profile view | 突顯輪廓與動作感 |
| 從背後觀看 | from behind | 情緒性構圖，常用於敘事性畫面 |
| 仰視角 | low angle | 突出角色氣勢、建築高度 |
| 俯視角 | top-down view | 構圖清晰、適合物品、桌面擺設 |
| 偏左／偏右構圖 | subject on the left/right | 留白設計、社群排版常見需求 |
| 特寫 | close-up | 聚焦細節、產品紋理、人像五官等 |

## ❑ 風格（Style）關鍵詞

　　風格詞影響整體畫面筆觸、線條與視覺語言，是建立品牌感與辨識度的重要元素。

| 中文詞語 | 英文關鍵詞 | 適用範例 |
| --- | --- | --- |
| 插畫風 | illustration style | 社群圖、教育素材、品牌形象插圖 |
| 攝影風 | photo-realistic style | 商品圖、實景模擬、廣告主圖 |
| 水彩風 | watercolor style | 詩集、明信片、自然風格繪本 |
| 油畫風 | oil painting style | 藝術作品、人物肖像、古典場景 |
| 像素風 | pixel art | 遊戲素材、復古風 NFT、小圖標設計 |
| 手繪風 | hand-drawn | 溫馨插圖、品牌吉祥物、文創周邊圖像 |

## ❏ 動作（Action / Pose）關鍵詞

動作詞讓圖像更具故事感與情境，常與角色、人物或動物主體搭配使用，適合動態敘事或角色草圖生成。

| 中文詞語 | 英文關鍵詞 | 用途情境 |
| --- | --- | --- |
| 正在走路 | walking | 角色移動、街景敘事、生活感構圖 |
| 坐著閱讀 | sitting and reading | 教育主題、放鬆場景、室內故事畫面 |
| 揮手 | waving | 互動角色、吉祥物動作、社群貼圖 |
| 擺出勝利姿勢 | victory pose | 運動主題、品牌情緒、動作感動畫封面 |
| 拿著咖啡／手機 | holding a coffee / phone | 實用產品展示、職場情境、科技生活感 |
| 跳躍 | jumping | 活力氛圍、兒童插畫、動感角色卡 |

## ❏ 應用方式建議

在撰寫提示詞時，建議將上述關鍵詞分類套用於結構中：

- 一位【角色設定】在【背景場景】中，構圖為【視角／構圖】、風格為【插畫風／攝影風】，色調【柔和／對比強烈】，動作為【某種動作】。
- 範例整合句：一位穿著藍色風衣的女孩走在秋天的林間小路，插畫風格，構圖偏左，色調溫暖，動作為「正走著」，背景模糊，光線柔和。

## ❏ 總結

掌握圖像關鍵詞是撰寫高品質提示詞的基本功。透過準確運用色彩、角度、風格與動作詞語，不僅能提升生成品質，也能快速實現視覺目標，創造出更具一致性與美感的 AI 圖像。

## 9-4-3 提示詞簡化與優化技巧

提示詞愈清楚，AI 輸出的畫面愈精準。提示詞簡化是為了避免過度冗長而造成語意混亂，提示詞優化則是讓敘述更具邏輯、精練與效果。本節將介紹有效撰寫高品質提示詞的實用技巧。

## 第 9 章　圖像生成的提示詞設計

❑ **為什麼需要簡化與優化提示詞**

- 提示詞太短 → 無法明確引導，畫面可能失焦或隨機
- 提示詞太長 → 易出現語意衝突或生成結果模糊
- 提示詞結構良好 → 有主體、有風格、有色調、有構圖，生成結果穩定且可重現。

❑ **提示詞簡化技巧**

① 技巧一：刪除重複描述或不影響畫面的詞語

| 原提示詞 | 問題 | 簡化後建議 |
| --- | --- | --- |
| 一隻可愛的小貓坐在柔軟的白色毛毯上，構圖偏右，畫面感覺很舒服 | 「可愛」與「很舒服」重複情緒描述 | 一隻小貓坐在白色毛毯上，構圖偏右，色調柔和 |
| 一杯裝著熱茶的玻璃杯，杯中飄著蒸氣，玻璃杯在桌上，插畫風格 | 「玻璃杯」出現兩次 | 一杯裝著熱茶的玻璃杯，飄著蒸氣，插畫風格，放在桌上 |

② 技巧二：避免無效或抽象形容詞（如「漂亮」、「特別」）

這些詞無法轉化成具體視覺輸出，建議以更具象的詞替換。

| 抽象詞 | 可轉換為的具體描述詞 | 抽象詞 |
| --- | --- | --- |
| 漂亮的風景 | 色彩鮮明的山谷、有金黃色夕陽的海灘 | 漂亮的風景 |
| 很特別的角色 | 一位戴著鋼鐵面具、眼神堅定、穿著軍風長袍的戰士 | 很特別的角色 |

③ 技巧三：主詞靠前、修飾詞靠後，符合 AI 理解順序

| 原提示詞 | 優化後提示詞 |
| --- | --- |
| 插畫風格，一位穿紅色裙子的女孩，站在草地上 | 一位穿紅色裙子的女孩站在草地上，插畫風格 |
| 柔和色調，攝影風，一杯放在桌上的咖啡 | 一杯咖啡放在桌上，攝影風，色調柔和 |

AI 讀取時從前往後處理，主體若靠後會影響構圖重點。

❑ **提示詞優化技巧**

④ 技巧四：加入結構性語句（強化畫面引導）

使用「畫面中 ...」、「構圖為 ...」、「背景是 ...」等語句，有助於建立明確視覺結構。

## 9-4 多語提示詞與關鍵詞選用技巧

| 原提示詞 | 優化後提示詞 |
|---|---|
| 一隻鯨魚漂浮在空中 | 一隻鯨魚漂浮在星空中，構圖為仰視視角，背景是藍紫色夜空 |
| 一位老師在教室講課 | 一位女老師站在教室黑板前，構圖集中在上半身，插畫風格，光線自然柔和 |

⑤ 技巧五：優化詞語選擇，減少模糊動詞

| 模糊動詞 | 建議具體動作 |
|---|---|
| 做事 | 寫作、操作機器、做實驗 |
| 看風景 | 坐在草地上望向遠方、站在山頂上俯瞰夕陽 |

⑥ 技巧六：使用「語意模塊」拆解法寫提示詞

將提示詞拆成以下模組來建構句型，有助於思考邏輯清晰。

| 模塊 | 說明 | 範例 |
|---|---|---|
| 主體模塊 | 你要畫什麼？（人、物、動物） | 一位穿連身裙的女孩／一支金屬機械手臂 |
| 動作／姿勢模塊 | 他在做什麼？ | 坐在窗邊看書／雙手交叉站立 |
| 背景模塊 | 他在哪裡？ | 教室裡／雪山上／草地上 |
| 風格模塊 | 用什麼畫風？ | 插畫風、水彩風、攝影風 |
| 色彩模塊 | 氣氛與色調是什麼？ | 柔和色調、冷色系、高對比 |

❏ 簡化與優化綜合應用實例

- 原提示詞（冗長、不夠結構）：一位可愛的小女孩坐在公園的長椅上，看起來很溫暖，插畫風，畫面很柔和，背景是樹和草地
- 優化後提示詞（結構清晰，語意強）：一位穿著粉色洋裝的小女孩坐在公園長椅上，插畫風格，色調柔和，背景為綠色草地與大樹，構圖偏右，畫面溫暖。

❏ 總結

簡化提示詞是為了去除冗贅與模糊，優化提示詞是為了讓語意更清晰、邏輯更穩定。透過「語意模塊拆解」、「結構語句插入」與「詞語替換優化」三大技巧，你可以讓 AI 更準確地理解你的創作意圖，輸出圖像更接近需求。

# 第 10 章
# 音樂與歌曲提示詞應用

10-1　音樂提示詞的基本結構與語法

10-2　情境應用型提示詞實例

10-3　風格、節奏與樂器的組合提示詞技巧

10-4　歌曲創作提示詞設計（旋律＋歌詞＋風格）

# 第 10 章　音樂與歌曲提示詞應用

隨著生成式 AI 技術的進步，音樂不再只能由作曲家創作，透過提示詞即可讓 AI 生成旋律、節奏與氛圍皆符合需求的音樂素材。本章將帶領讀者了解主流音樂生成平台的特色，並學會撰寫結構化的提示詞，包括音樂風格、情緒、樂器與用途等關鍵元素。透過實例練習與風格對照，你將能靈活運用提示詞創作背景音樂、品牌音效、簡報 BGM (Background Music) 甚至社群短影音用配樂，將「聽覺設計」納入你的多模態創作工具箱。

目前市面上已有多個 AI 音樂生成平台，如 Suno、Soundraw、AIVA、Mubert 等，各具風格與優勢。本章主要是用 Suno 做測試。

## 10-1　音樂提示詞的基本結構與語法

不同於圖像生成，音樂提示詞須強調「風格」、「節奏」、「情緒」與「用途」。本節將解析音樂提示詞的結構組成與常見關鍵詞，協助讀者寫出有邏輯又具引導性的語句。

### 10-1-1　基本結構 - 音樂類型 + 情緒 + 節奏 + 樂器 + 用途

AI 音樂生成的關鍵在於提示詞的組合邏輯。將「音樂類型、情緒、節奏、樂器與用途」五大要素組成完整句式，可引導模型產出更符合需求、風格準確的音樂內容。

❑　為什麼要遵循「五要素結構」

音樂不像圖像有可視構圖，生成模型需依提示詞理解你想要的音樂「風格、氣氛與用途」，因此提示詞越具體、越結構化，結果越精準。

這五大要素幾乎適用於所有平台，是 AI 音樂提示詞的核心架構：

❑　各要素解析與範例

① 音樂類型（Music Genre / Style）

| 類型 | 描述風格 | 中文常用提示詞 |
| --- | --- | --- |
| 流行音樂 | 節奏輕快、有旋律 | 流行風格／流行樂／Pop |
| 電子音樂 | 節拍感重、合成器主導 | 電子音樂／電子舞曲／EDM |
| 古典音樂 | 管弦樂、結構完整、氣質優雅 | 古典風格／鋼琴協奏曲／弦樂四重奏 |

## 10-1 音樂提示詞的基本結構與語法

| 類型 | 描述風格 | 中文常用提示詞 |
|---|---|---|
| Lo-fi | 慢節奏、氛圍感、常伴背景使用 | Lo-fi ／輕鬆節奏／懷舊風 |
| 搖滾 | 鼓與電吉他主導、有張力 | 搖滾風格／ Rock ／復古搖滾 |
| 爵士 | 節奏自由、重旋律與律動 | 爵士風格／爵士樂／ Jazz |

② 情緒（Mood / Emotion）

| 情緒類型 | 描述氛圍 | 中文常用提示詞 |
|---|---|---|
| 溫暖療癒 | 柔和、愉快、放鬆 | 溫暖／療癒／柔和／放鬆 |
| 熱血激勵 | 節奏明快、富動力感 | 激勵／熱血／昂揚／動感 |
| 懸疑神秘 | 不確定、緊張、深沉 | 神秘／懸疑／陰影感／張力 |
| 感性憂傷 | 緩慢、情感濃厚、內斂 | 憂傷／抒情／低沉／沉靜 |
| 開心輕快 | 節奏明亮、跳躍感 | 開心／輕快／活潑／歡樂 |

③ 節奏（Tempo / Beat）

| 節奏型態 | 音樂速度與律動感 | 中文提示詞示例 |
|---|---|---|
| 慢節奏 | 放鬆、輕柔 | 緩慢／慢拍／低速／ Lo-fi 節奏 |
| 中速節奏 | 穩定、有旋律 | 中速／穩定節奏／ Groove |
| 快節奏 | 舞曲、激勵感、運動用 | 快速／急促／節奏明快／強節拍 |

補充解釋：

- Lo-fi：是 "Low Fidelity" 的縮寫，原指低保真音質，即保留錄音中自然產生的雜訊、背景聲或模糊的音色，後來逐漸演變為一種音樂風格。其音樂特徵是：
  - 節奏通常緩慢或中速，輕鬆穩定。
  - 使用柔和鼓聲、簡單貝斯線、鋼琴或吉他為主旋律。
  - 常帶有模擬磁帶雜訊、環境聲（如下雨、翻書聲）。
  - 應用場景：學習或工作背景音樂（如 YouTube 上的 "lofi beats to relax/study to"）。例如：冥想、寫作、睡前音樂。
- Groove：是一種節奏概念，指的是音樂中「讓人不自覺律動」的節奏感與律動流動性。它不是特定風格，而是一種「律動狀態」。其音樂特徵：
  - 節奏通常具重拍感、律動性強。

- 常見於放克（Funk）／靈魂（Soul）／R&B／Jazz／Funk Pop。
- 依賴貝斯與鼓的互動性，形成律動循環（groove loop）。
- 讓人產生隨音樂點頭、擺動的身體反應。
- 應用場景：舞曲、R&B、現場演奏、節奏導向的短影音配樂。

④ 樂器（Instrumentation）

| 樂器類型 | 音色與情感特徵 | 中文提示詞範例 |
| --- | --- | --- |
| 鋼琴 | 優雅、情緒感強 | 鋼琴旋律／輕鋼琴 |
| 吉他 | 原聲自然／輕快／民謠感 | 原聲吉他／木吉他／吉他伴奏 |
| 鼓與打擊 | 強節奏、動感 | 鼓點節奏／打擊樂／鼓組 |
| 弦樂 | 感性、莊嚴、敘事感 | 小提琴／大提琴／弦樂編制 |
| 合成器 | 未來感、電子感、氛圍感 | 合成器／電子鍵盤音 |

⑤ 用途（Use Case / Application）

| 應用場景 | 目標情境與描述 | 中文提示詞建議 |
| --- | --- | --- |
| 簡報配樂 | 穩定背景、專業但不搶戲 | 適合簡報背景音／會議背景音／中速穩定配樂 |
| 社群影片 | 吸睛配樂、帶有節奏與風格感 | 適合 Reels／抖音影片／動感配樂 |
| 冥想放鬆 | 循環旋律、空間感、低干擾 | 冥想音樂／放鬆氛圍／低節奏／空靈音效 |
| 品牌配樂 | 搭配 Logo 或產品開場動畫 | 品牌主題音樂／開場片頭／輕快專業／有辨識度旋律 |
| 教學影片 | 穩定節奏、減少分心 | 教學背景音樂／不搶戲／節奏平穩 |

## ❏ 應用實例

**實例 1**：簡報背景音樂。「一段流行風格的音樂，節奏穩定，使用鋼琴與原聲吉他，情緒輕快柔和，適合用於產品簡報背景音樂。」

**實例 2**：社群短影片開場配樂。「電子音樂風格，節奏快速，使用合成器與強鼓點，氛圍熱血動感，適合 TikTok 或 Reels 的開場動畫音樂。」

**實例 3**：品牌 Logo 導入音樂。「一段短版音樂，風格簡潔現代，使用電子鋼琴與高頻鈴聲，節奏中等偏快，具有記憶點，適合作為品牌開場 Logo 音效。」

❑ 總結

只要掌握「音樂類型 + 情緒 + 節奏 + 樂器 + 用途」的提示詞結構，不論在哪個平台操作，都能大幅提升音樂生成的品質與精準度。這五要素不僅能組合出無限風格，也讓你有系統地設計出符合場景的 AI 音樂素材。

## 10-1-2 常用音樂形容詞與風格對照表

音樂提示詞中最關鍵的語彙就是「風格形容詞」，它決定了整首音樂的氛圍與用途。了解這些常見形容詞的意義與應用對照，有助於寫出更精準的 AI 音樂提示詞，提升生成結果的品質與實用性。

❑ 為什麼「形容詞」很重要

- 在 AI 音樂平台中，風格與情緒通常由形容詞決定
- 不同形容詞會讓同樣的旋律產生截然不同的感覺（如 happy vs dark）
- 若未指定，AI 會使用預設風格，可能與需求不符

❑ 常見音樂形容詞與風格對照表

以下為 10 組常見的英文形容詞、中文翻譯、對應風格與適用情境整理：

| 類型 | 英文形容詞 | 中文對照 | 音樂特徵／氛圍描述 | 適用場景 |
| --- | --- | --- | --- | --- |
| 正向活潑 | happy | 開心、快樂 | 節奏輕快、旋律明亮、有彈性 | 日常 vlog、生活影片、品牌形象配樂 |
| 放鬆舒緩 | ambient | 環境感、氛圍 | 環境聲音、無強節奏、漸進式音場 | 冥想、學習背景、工作空間 |
| 神秘低調 | dark | 陰暗、低沉 | 音色厚重、節奏慢、空間感強 | 懸疑片段、遊戲角色主題、劇情鋪陳 |
| 電影感 | cinematic | 電影感、史詩感 | 有漸層張力、管弦樂、節奏起伏大 | 片頭片尾、品牌影片、預告片 |
| 靈感激發 | inspirational | 啟發性、鼓舞人心 | 漸進、明亮、有鼓聲或鋼琴襯底 | 品牌故事、TED 演講、教育主題 |
| 情緒豐富 | emotional | 情感豐富、內斂 | 抒情旋律、慢拍、常見鋼琴與弦樂 | 愛情片段、紀錄片、懷舊影片 |
| 童趣溫馨 | playful | 有趣、童趣、俏皮 | 節奏活潑、旋律跳躍、常搭配木琴、烏克麗麗 | 兒童動畫、親子主題、社群短片 |

# 第 10 章　音樂與歌曲提示詞應用

| 類型 | 英文形容詞 | 中文對照 | 音樂特徵／氛圍描述 | 適用場景 |
|---|---|---|---|---|
| 未來感 | futuristic | 科技感、前衛風格 | 合成器主導、節奏明快、聲音電子化 | 科技展、產品影片、品牌開場動畫 |
| 平靜柔和 | soft | 柔和、平靜 | 音量小、節奏緩慢、旋律線簡單 | 睡眠音樂、瑜伽配樂、客服等待音樂 |
| 動感律動 | groovy | 有律動感、節奏感強 | 節奏穩定、鼓點明確、具 funk / jazz 感 | 遊戲片段、舞蹈影片、產品介紹中段 |

## ❑ 應用實例

**實例 1**：教育影片配樂。「一段平靜柔和的背景音樂，風格為 ambient，節奏緩慢，使用鋼琴與合成器，適合用於教學簡報或 podcast。」

**實例 2**：品牌開場主題曲。「一首節奏明快、情緒正向的電子音樂，風格為 futuristic + happy，適合用於科技品牌形象影片開場。」

**實例 3**：社群短影片配樂。「一段 playful 風格的音樂，旋律活潑、使用木琴與烏克麗麗，節奏中等，適合 IG、Reels 或 TikTok 的趣味內容。」

## ❑ 延伸補充 - 混合形容詞與語氣可帶出更多層次

你可以在提示詞中結合兩種形容詞，讓音樂更立體：

| 組合類型 | 範例描述 |
|---|---|
| happy + cinematic | 充滿正能量又具有敘事感 |
| dark + ambient | 氛圍沉靜又帶神秘感，適合懸疑敘事 |
| inspirational + soft | 溫柔但具有希望感，常用於 NGO、教育影片背景 |

**實例 4**：cinematic + epic（電影感＋史詩感）。「表示音樂風格結合電影場景的敘事性與史詩級的大氣感，適合需要高張力、戲劇性或品牌英雄敘事的使用情境。」

## ❑ 小結

形容詞是音樂提示詞的核心語彙。透過正確選用「情緒 + 風格 + 氛圍」類型的形容詞，不僅能快速引導 AI 生成符合預期的音樂風格，也能讓整體作品情緒更加清晰與感染力十足。建議熟記常見形容詞並善用組合語法，打造你想要的聲音空間。

## 10-1-3　類型範圍 - 古典／流行／電子／ Lo-fi ／實驗音樂等

音樂類型是提示詞的第一層關鍵,決定了整體編曲結構、節奏邏輯與樂器配置。清楚選定風格類型,可有效縮小 AI 的生成範圍,產出更貼近預期的音樂作品。

❑ 為什麼「音樂類型」是提示詞的基礎

音樂類型(genre)就像「畫風」之於圖像,不同類型會影響:

- 音樂的節奏與律動
- 樂器使用(弦樂 vs 合成器)
- 結構邏輯(verse-chorus、循環段落、自由發展)
- 情緒與文化聯想(古典 = 優雅,電子 = 現代感)

❑ 常見音樂類型與提示詞設計參考表

| 類型 | 中文提示詞 | 音樂特徵與風格 | 適用情境 |
|---|---|---|---|
| 古典音樂 | 古典風格／管弦樂／鋼琴協奏曲 | 結構完整、旋律優美、使用傳統樂器 | 教育影片、背景襯樂、莊嚴主題 |
| 流行音樂 | 流行樂／ Pop 音樂 | 節奏明確、旋律好記、結構簡單 | 社群影片、品牌配樂、青少年主題 |
| 電子音樂 | 電子風格／ EDM ／合成器音樂 | 合成器主導、節拍強、動感節奏 | 活動開場、科技影片、運動短片 |
| Lo-fi | Lo-fi ／輕節奏背景音樂 | 節奏緩慢、旋律柔和、帶有雜訊與懷舊感 | 學習背景、咖啡廳配樂、深夜電台 |
| 實驗音樂 | 實驗音樂／實驗風格 | 無特定節奏、聲音設計創新、具空間感 | 藝術展覽、電影特效音樂、NFT 聲音項目 |
| 爵士音樂 | 爵士風格／ Jazz | 即興感強、節奏靈活、重視旋律與互動 | 餐廳背景、懷舊影片、輕鬆社交場景 |
| R&B | 節奏藍調／ R&B 音樂 | 節奏律動、有情感深度、常以人聲為主 | 情感片段、社群表白影片、品牌暖心故事 |
| 搖滾音樂 | 搖滾風／ Rock 音樂 | 鼓與吉他主導、節奏強烈、有現場感 | 青年品牌、運動主題、抗議性或力量感場景 |
| 鄉村音樂 | 鄉村風格／民謠風 | 使用木吉他、班鳩琴,旋律簡單,情感樸實 | 公路影片、生活紀實、家庭故事配樂 |
| 舞曲音樂 | Dance 音樂／節奏舞曲 | 重節拍、律動感強、段落循環 | 夜店畫面、時尚片頭、短影音挑戰 |

## 第 10 章　音樂與歌曲提示詞應用

❑　應用實例

**實例 1**：古典音樂（莊嚴典雅）。「一段古典風格的鋼琴與弦樂合奏，旋律優雅，節奏穩定，適合用於開學典禮影片的背景配樂。」

**實例 2**：電子音樂（節奏強烈）。「節奏感強烈的電子舞曲，使用合成器與鼓機，氛圍現代感十足，適合科技品牌開場動畫。」

**實例 3**：Lo-fi 音樂（輕鬆背景）。「一段慢拍的 Lo-fi 音樂，鋼琴與簡單鼓點組成，畫面氛圍放鬆，適合深夜學習或工作使用。」

❑　提示詞撰寫建議技巧

- 主動指定音樂類型關鍵詞：避免使用模糊描述如「一段好聽的音樂」。
- 可混合語氣與用途：如「一段 R&B 與 Lo-fi 混合的溫柔背景配樂」。
- 音樂風格 + 使用情境配對：提示詞中加入「適合用於...」，幫助模型更準確對齊產出目標。

## 10-1-4　長度與段落控制

控制音樂長度與結構段落，是讓 AI 音樂輸出更符合實際應用需求的關鍵。從簡報開場的 15 秒背景音，到完整 2 分鐘歌曲，只要在提示詞中加入時長與段落說明，就能更精準產出。

❑　為什麼要控制音樂長度與段落

- 商業需求導向：廣告片頭常需 6～15 秒、社群短影音需 10～30 秒。
- 節奏設計精準化：根據開場／副歌／結尾段落，打造有起伏的音樂結構。
- 版權與場景配合：使音樂剛好貼合影片時間軸或簡報節奏。

❑　提示詞中的「時間與段落控制」語法設計方式

① 長度控制語法範例

| 中文語句設計 | 對應意義 |
| --- | --- |
| 生成一段 30 秒的背景音樂 | 音樂總長度為 30 秒 |
| 請創作一首約 1 分鐘的主題曲 | 建議 AI 輸出接近 60 秒的段落 |
| 短節奏旋律，長度 15 秒 | 適合短影音、片頭、轉場配樂 |

> **註** 加入數字與單位（秒／分鐘）是明確且通用的設計方式。

② 段落結構控制語法範例

| 中文語句設計 | 對應意義 |
|---|---|
| 請包含開場－過門－高潮－結尾四個段落 | 指定音樂分為明確段落，帶情緒起伏 |
| 副歌段落節奏加快，旋律更強烈 | 可讓 AI 將情緒層次做出差異，製作副歌與主歌區別 |
| 結尾使用漸弱的方式收尾 | 指定收尾方式，常用於淡出背景或轉場前結束 |

## ❑ 應用實例

**實例 1**：15 秒品牌片頭。「請生成一段長度為 15 秒的節奏明快音樂，風格為電子流行，情緒正向，適合品牌影片開場動畫使用，結尾請漸弱收尾。」

- 應用場景：品牌開場片頭、影片開場動態 Logo 配樂。

**實例 2**：30 秒簡報用背景音。「一段 30 秒長度的 Lo-fi 背景音樂，旋律平穩、節奏緩慢，適合用於簡報過場或課程影片的解說段落。」

- 應用場景：教育簡報配樂、教學影片、內部會議開場。

**實例 3**：完整一分鐘品牌主題曲。「請創作一首長度約 60 秒的主題曲，風格為 R&B + 流行，分為三段：開場引導 副歌提升 收尾平緩，歌詞主題為「品牌與信任」，情緒溫暖動人。」

- 應用場景：品牌主題影片、形象廣告、企業文化介紹配樂。

## ❑ 延伸技巧 - 與視覺內容長度對齊

| 視覺內容長度 | 音樂提示詞建議長度 | 範例 |
|---|---|---|
| 簡報一頁約 15 秒 | 建議背景音設計為 10～20 秒 | 請生成一段 15 秒背景音樂 |
| Instagram Reels 30 秒 | 建議 BGM 為 25～30 秒 | 一段節奏強的 30 秒配樂 |
| 廣告片約 1 分鐘 | 建議分段設計音樂（主題 + 副歌） | 請創作一首 1 分鐘品牌主題音樂 |

## ❑ 總結

音樂不是越長越好，而是越貼合用途越有效。透過明確地控制長度與段落結構，提示詞能引導 AI 精準創作出適合簡報、影片、社群的高效率配樂，讓你的多媒體內容更具專業感與情緒引導力。

第 10 章　音樂與歌曲提示詞應用

## 10-2　情境應用型提示詞實例

　　AI 音樂生成的真正價值在於「場景化應用」。本節透過不同應用目的的提示詞實例，展示如何用一句話創作出符合需求的音樂。從品牌形象配樂、簡報背景音，到旅遊短片的開場旋律。

### 10-2-1　社群影片背景音樂提示詞設計

　　社群影片（如 Reels、TikTok、YouTube Shorts）對背景音樂的需求特別高。透過提示詞控制風格、節奏與長度，可快速為短影音打造專屬配樂，提升吸引力與情緒感染力。

❑　**為什麼社群影片需要特製背景音樂**

　　在短影音平台中，配樂是吸引觀眾停留的第一要素之一。好的背景音樂能：

- 強化內容情緒與節奏
- 製造品牌記憶點（如節奏片頭、轉場聲音）
- 與畫面動作同步，提升觀看體驗
- 在無旁白時作為訊息引導媒介

❑　**提示詞設計要素解析**

　　設計社群背景音樂提示詞時，建議包含以下五個要素：

| 要素 | 說明 | 提示詞範例 |
| --- | --- | --- |
| 音樂風格 | 定義整體旋律類型與聽覺語言 | Lo-fi ／ EDM ／流行／ R&B ／搖滾 |
| 節奏設定 | 決定觀感速度與互動節奏 | 快速節奏／中速穩定／跳動節拍 |
| 情緒語氣 | 音樂給人的感覺 | 開心／活潑／療癒／激勵／夢幻 |
| 長度控制 | 配合影片時間軸 | 15 秒／ 30 秒／ 60 秒 |
| 使用目的 | 告知 AI 應用情境 | 用於 Instagram Reels ／ TikTok 影片／片頭片尾背景音 |

❑　**應用實例**

**實例 1：開箱短影片配樂（節奏明快）**。「請生成一段 30 秒的背景音樂，風格為流行與 EDM 混合，節奏快速，旋律活潑，適合 TikTok 商品開箱短影片使用，畫面剪接快速、有節奏感。」

- 應用場景：科技產品、穿搭開箱、美妝體驗短片。

**實例 2**：生活紀錄影片配樂（Lo-fi 風）。「創作一段 20 秒的背景音樂，風格為 Lo-fi，節奏緩慢，旋律輕柔，氛圍溫暖，適合 Instagram Reels 的日常生活紀錄短片使用。」

- 應用場景：晨間散步、讀書日記、靜態 vlog( 影音部落格 )。

**實例 3**：節慶影片配樂（歡樂活潑）。「請產生一段 15 秒的背景音樂，風格為節慶流行，節奏明快，包含鈴鼓與電子合成器，情緒活潑喜慶，適合 IG Reels 的耶誕節倒數短片使用。」

- 應用場景：節日活動預告、倒數動畫、品牌慶典宣傳片。

❏ **不同平台推薦音樂長度對照表**

| 平台類型 | 建議音樂長度範圍 | 範例提示詞語法 |
|---|---|---|
| Instagram Reels | 15～30 秒 | 一段 30 秒流行風格背景音 |
| TikTok | 10～60 秒 | 創作一首節奏明快的 TikTok 音樂 |
| YouTube Shorts | 15～60 秒 | 60 秒內的放鬆背景旋律 |
| Facebook 動態影片 | 10～20 秒 | 適合社群活動的短節奏配樂 |

❏ **提示詞句型模板**

一段【長度】的背景音樂，風格為【音樂類型】，節奏【快／中等／慢】，情緒為【氛圍形容詞】，適合用於【平台或用途】。

**實例 4**：「一段 20 秒的背景音樂，風格為 Lo-fi，節奏緩慢，氛圍療癒，適合用於 Instagram Reels 的學習筆記影片。」

❏ **總結**

社群影片對背景音樂有「短、準、動感」的要求。透過提示詞控制風格、節奏、情緒與長度，你可以讓 AI 為每一支短影音量身打造獨特配樂，不但節省後製時間，也讓內容在視覺與聽覺上更完整、更有感染力。

## 10-2-2 課程教學、簡報、Podcast 音效範本

教學影片、簡報與 Podcast 等內容製作中,背景音與過場音效可大幅提升專業度與聽覺體驗。本節介紹如何透過提示詞設計穩定、柔和、不干擾語音的配樂,提升內容吸引力與聆聽品質。

### ❑ 為什麼這類內容需要特製音效

| 類型 | 音樂作用 |
| --- | --- |
| 課程影片 | 穩定節奏、維持注意力、填補無聲段落 |
| 簡報講解 | 強化過場邏輯、開場氣氛或轉場段落 |
| Podcast | 建立品牌聲音風格、開頭與結尾的片頭片尾音樂 |

### ❑ 設計提示詞時的重點要素

| 要素 | 說明與範例 |
| --- | --- |
| 音樂風格 | 建議使用 Lo-fi、Ambient、Soft piano,避免強節奏 |
| 音量控制 | 可加語句如「不搶主聲」、「音量柔和」、「適合作為背景音樂」 |
| 節奏設計 | 建議中慢速為主,節奏穩定,如:steady rhythm / slow tempo |
| 語音相容 | 避免人聲干擾、旋律跳躍度高,可加入「無主唱」/「instrumental only」 |
| 長度建議 | 教學/簡報通常為 20 ～ 60 秒,Podcast 開頭片段為 5 ～ 15 秒 |

### ❑ 應用實例

**實例 1**:課程影片背景配樂。「請創作一段 60 秒的背景音樂,風格為 ambient + soft piano,節奏緩慢,旋律穩定,無主唱,適合用於線上課程教學影片,不干擾講解語音。」

- 應用場景:教學解說影片、學習平台課程、教育頻道。

**實例 2**:簡報開場配樂。一段 20 秒的背景音樂,風格為 modern Lo-fi,節奏中等偏慢,情緒輕鬆、專業,適合用於簡報開場動畫或轉場畫面。」

- 應用場景:公司提案簡報、報告影片、內訓教材開頭。

**實例 3**:Podcast 片頭音效。「請產生一段 10 秒的 Podcast 開場音樂,風格為溫暖鋼琴與木吉他,旋律簡潔、節奏穩定,具親和感,適合個人自媒體頻道開頭使用。」

- 應用場景:訪談節目、生活分享、教育型 Podcast 開場。

## 10-2 情境應用型提示詞實例

❑ **提示詞句型模板**

一段【長度】的背景音樂，風格為【Lo-fi／Ambient／Piano／Jazz】，節奏【緩慢／穩定】，旋律【簡單／柔和】，無人聲，適合用於【用途】。

**實例 4**：「一段 45 秒的背景音樂，風格為 soft jazz，節奏穩定，旋律溫和，無人聲，適合簡報中段過場使用。」

❑ **提示詞延伸建議**

| 功能需求 | 附加提示詞語句 |
|---|---|
| 希望 AI 不生成人聲 | 請使用 instrumental only／無主唱 |
| 希望開場明亮感 | 情緒為正向、溫暖、可加入「鼓聲＋鋼琴」等元素 |
| 希望背景音柔和 | 音量柔和、旋律不搶戲、與語音不衝突 |

❑ **總結**

在教學、簡報與 Podcast 這類語音為主的內容中，背景音樂的角色不是主角，而是「支撐氛圍的舞台燈光」。善用提示詞控制風格、節奏與音量層次，能讓整體內容更具專業質感與聆聽舒適度，也有助於建立你自己的聲音品牌風格。

## 10-2-3 品牌主題曲／電商品牌音標語提示詞

品牌不只需要視覺識別，更需要聽覺記憶。AI 音樂工具可用提示詞快速生成品牌主題曲與音標語（audio logo），建立情緒連結與辨識度。本節將說明如何設計品牌導向的音樂提示詞，創造專屬聲音風格。

❑ **為什麼品牌需要「主題曲」或「音標語」**

| 類型 | 功能 |
|---|---|
| 品牌主題曲 | 創造品牌情感形象，延伸品牌故事與核心理念 |
| 音標語（audio logo） | 建立聽覺識別點，讓用戶在數秒內記住品牌，如 Netflix「登登」聲 |

10-13

# 第 10 章　音樂與歌曲提示詞應用

## ❑　提示詞設計關鍵要素

| 要素 | 說明 | 提示詞示範語句 |
| --- | --- | --- |
| 音樂風格 | 決定品牌氣質：現代、專業、活潑、科技感 | 電子流行／Lo-fi／合成器風格／鋼琴＋弦樂風格 |
| 節奏設定 | 控制音標短促 or 主題曲完整段落 | 快速三秒提示音／60 秒完整旋律 |
| 樂器選擇 | 強化品牌個性：木吉他（自然）、電子琴（科技） | 原聲吉他／合成器／鋼琴／鈴聲 |
| 品牌情緒 | 建立風格調性：正向、信賴、創新、療癒 | 「具有希望感」／「活潑親和」／「簡約科技感」 |
| 用途說明 | 告知 AI 產出目的是開場、廣告片尾、片頭動畫等 | 用於品牌形象影片開場／商品影片片尾音效 |

## ❑　應用實例

**實例 1**：品牌主題曲（完整旋律）。「請創作一首長度為 60 秒的品牌主題曲，風格為電子流行，節奏明快，旋律具有希望感，使用合成器與鋼琴，情緒正面，適合科技公司品牌影片開場使用。」

- 應用場景：形象影片開頭／產品故事動畫／品牌推廣廣告配樂。

**實例 2**：品牌音標語（Audio Logo）。「請產出一段長度約 3 秒的品牌提示音，風格為現代科技感，使用電子鈴聲與合成器音色，旋律簡短明快，有辨識度，適合用於科技產品開機音或品牌片頭動畫。」

- 應用場景：開機聲／片頭音效／App 啟動提示音。

**實例 3**：電商品牌形象配樂。「請創作一段 30 秒長度的背景音樂，風格為溫暖流行，旋律輕快柔和，使用原聲吉他與鋼琴，適合用於生活用品電商品牌的介紹影片與社群宣傳配樂。」

- 應用場景：商品展示影片／社群廣告配樂／品牌影片中段背景音。

## ❑　延伸語法建議

| 想要效果 | 建議加入語句 |
| --- | --- |
| 清晰記憶點 | 「旋律簡短明確」、「具辨識度」、「有節奏點」 |
| 科技感音色 | 「使用合成器」、「電子風格」、「未來感強」 |

## 10-2 情境應用型提示詞實例

| 想要效果 | 建議加入語句 |
|---|---|
| 溫暖品牌感 | 「使用木吉他」、「旋律療癒」、「音色溫和」 |
| 適用片頭 | 「用於影片開場」、「適合 logo 動畫」 |
| 適用片尾 | 「收尾段落漸弱」、「用於結尾情緒收束」 |

❑ 提示詞句型模板

一段【長度】的品牌音樂，風格為【音樂類型】，旋律【特性描述】，使用【樂器】，情緒為【品牌情感定位】，適合用於【具體應用場景】。

**實例 4**：「一段長度為 5 秒的品牌提示音，風格簡約現代，旋律清脆，使用電子琴與高頻鈴聲，情緒明亮，適合品牌影片片頭動畫。」

❑ 總結

品牌的聲音是品牌記憶的一部分。透過 AI 音樂提示詞的細緻設計，不論是 3 秒的提示音，還是 60 秒的主題曲，都能成為品牌個性與風格的延伸媒介。建議從品牌調性出發，逐步控制風格、節奏與用途，就能打造出「讓人聽見就記得」的聲音形象。

## 10-2-4 短影音平台的節奏設計

短影音平台如 TikTok、Instagram Reels 與 YouTube Shorts 對「節奏」極為敏感。音樂的節奏若能與剪輯節奏匹配，能有效提升影片的吸引力、點擊率與傳播力。本節將說明如何用提示詞設計出適合短影音節奏的背景音樂。

❑ 為什麼節奏對短影音那麼關鍵

| 原因 | 說明 |
|---|---|
| 用戶停留時間短 | 前 3 秒決定是否繼續觀看，節奏要「抓耳」、「對拍」 |
| 剪輯風格偏快 | 一支影片中常包含 5～10 個快速切換畫面，需節奏強化過場效果 |
| 搭配動作或挑戰類型內容 | 如跳舞、走秀、轉場、手勢等，須與節拍對齊 |
| 多為無語音影片 | 音樂即是情緒引導主角，需涵蓋「開場—高潮—結尾」段落 |

## 第 10 章　音樂與歌曲提示詞應用

### ❑　設計短影音用音樂提示詞的重點

| 要素 | 說明與範例語法 |
|---|---|
| 節奏類型 | 快速節奏／中快拍／節奏鮮明／有律動感 |
| 拍點節奏語法 | 強節拍／帶有 drop ／重拍感明顯／ loop 節奏強 |
| 段落起伏 | 包含副歌段／音樂高潮段在第 10 秒／有節奏起伏（起、轉、合） |
| 配合用途 | 適合跳舞影片／轉場短片／商品展示快速節奏剪輯／搞笑創意影片 |
| 長度設定 | 建議 10 ～ 30 秒，常用 15 秒與 30 秒版本 |

### ❑　應用實例

**實例 1**：節奏感強的開場配樂（TikTok 開箱影片）。「一段 15 秒的節奏強烈背景音樂，風格為 EDM，帶有 drop 和 loop 節拍，情緒高能，適合 TikTok 商品開箱影片使用，畫面節奏快速，音樂需配合切換節拍。」

- 應用場景：快速剪輯、科技商品開箱、潮牌展示。

**實例 2**：時尚穿搭轉場影片配樂（Instagram Reels）。「請創作一段 30 秒的電子流行音樂，節奏明快、有分段感，副歌在第 10 秒進入，旋律有舞感，適合穿搭轉場影片用於 IG Reels。」

- 應用場景：穿搭挑戰、每日穿搭、Lookbook 類內容。

**實例 3**：搞笑內容的背景節奏（YouTube Shorts）。「一段 20 秒的輕快節奏背景音，風格為 Lo-fi + 電子混合，節奏偏中速但帶節拍跳動感，適合搞笑或互動性短影音背景音使用，畫面不穩定時也能搭配節奏轉場。」

- 應用場景：搞笑挑戰、親子互動片段、街訪影片。

### ❑　常見節奏提示詞彙總表（中英文對照）

| 中文關鍵詞 | 英文提示詞 | 說明 |
|---|---|---|
| 快速節奏 | fast tempo / high-energy beat | 用於開場、舞蹈、快速轉場 |
| 中速節奏 | medium tempo / steady rhythm | 用於說明影片、穿搭介紹 |
| 有律動感 | groovy / rhythmic | 適合搞笑片段、隨拍日常 |
| 節奏起伏明顯 | has musical arc / build and drop | 用於表現情緒起伏的動態剪輯 |
| 有重拍感 | strong beat / kick drum driven | 適合舞蹈挑戰、節奏運鏡 |

❏ 提示詞句型模板

一段【長度】的背景音樂，風格為【音樂類型】，節奏【快／中等】，情緒為【活潑／緊湊／動感】，適合【平台】的【類型影片】，建議包含【副歌／高潮／drop】。

**實例 4**：「一段 20 秒快速節奏的電子音樂，帶有強烈律動與 drop，風格為 EDM + Pop，情緒高能，適合 TikTok 的跳舞影片與快速剪輯轉場使用。」

❏ 總結

短影音講究「開場即吸睛」，而節奏正是讓人「留下來看」的關鍵。掌握節奏控制與段落安排的提示詞設計技巧，能讓你用 AI 產出符合各平台演算法偏好的背景音樂，讓畫面與節奏完美對拍、聲畫合一。

## 10-3 風格、節奏與樂器的組合提示詞技巧

音樂的情緒來自於風格、節奏與樂器的搭配。本節說明如何搭配不同風格與樂器，創造特定氣氛或節奏感，並透過提示詞控制強度與聆聽焦點。

### 10-3-1 不同風格 × 樂器 × 情緒對照範例表

音樂提示詞的核心不只是選定風格，還需精準搭配樂器與情緒。不同風格結合不同樂器，能產生獨特氛圍與節奏感。本節透過對照表的方式，協助你設計更具方向性與創造力的提示詞組合。

❏ 為什麼要組合「風格 × 樂器 × 情緒」

在 AI 音樂生成中：

- 風格：提供整體骨架（音樂類型與旋律邏輯）
- 樂器：影響音色質感與節奏張力
- 情緒：則設定觀眾的心理接受調性

透過三者搭配，可以精準控制輸出的曲風氛圍與用途導向。

10-17

# 第 10 章　音樂與歌曲提示詞應用

❑　常見風格 × 樂器 × 情緒對照範例表

| 音樂風格 | 搭配樂器 | 情緒氛圍 | 提示詞範例（中文） | 適用場景 |
|---|---|---|---|---|
| Lo-fi | 原聲吉他、鋼琴、柔和鼓 | 放鬆、療癒 | 一段 Lo-fi 音樂，使用原聲吉他與鋼琴，旋律輕柔，節奏緩慢，情緒放鬆 | 學習配樂、深夜 vlog、個人日記背景音樂 |
| 電子（EDM） | 合成器、低音鼓、拍點器 | 興奮、高能 | 節奏強烈的電子舞曲，使用合成器與重鼓，風格動感，適合派對與商品開場動畫 | TikTok 開場、運動品牌影片、科技產品推廣 |
| 古典 | 弦樂、小提琴、鋼琴 | 莊嚴、感性 | 一段古典風格的音樂，使用小提琴與鋼琴，情緒內斂，旋律優雅，節奏穩定 | 教學課程、文學主題影片、企業形象影片 |
| 爵士（Jazz） | 鋼琴、薩克斯風、低音貝斯 | 悠閒、成熟 | 爵士風格音樂，搭配鋼琴與薩克斯風，節奏中速，旋律律動感強，情緒輕鬆自信 | 餐廳背景、社交活動影片、復古風產品開場配樂 |
| 民謠 | 木吉他、口琴、小打擊樂 | 溫馨、故事性 | 民謠風格音樂，使用木吉他與口琴，旋律敘事感強，節奏自然，情緒溫暖 | 生活紀錄片、旅行 vlog、家庭影片 |
| Lo-fi + R&B | 原聲吉他、鼓、柔聲合成器 | 溫柔、感性 | 一段融合 Lo-fi 與 R&B 的音樂，旋律抒情，節奏中速，搭配柔聲合成器，情緒平靜帶點憂傷 | 情感故事影片、日記式 vlog、夜晚配樂 |
| 電子 + 古典 | 合成器 + 弦樂 | 現代莊嚴、史詩感 | 一段電子與古典混合的史詩風格音樂，使用合成器與管弦樂，旋律壯闊，節奏由慢到快，情緒磅　感人 | 品牌宣傳影片、英雄主題故事、科技與文化融合影片 |

❑　應用實例

**實例 1**：品牌開場影片。「請創作一段 30 秒的品牌主題配樂，風格為電子 + 古典，使用合成器與弦樂，旋律有層次、情緒壯闊，節奏由慢到快，適合產品發布影片開場。」

**實例 2**：Podcast 結尾音樂。「一段 Jazz 風格的結尾配樂，使用薩克斯風與鋼琴，旋律溫柔放鬆，節奏緩慢，情緒平靜，適合用於 Podcast 節目結尾段落。」

**實例 3**：日常 vlog 背景音。「Lo-fi 音樂風格，搭配木吉他與輕柔鼓聲，旋律簡單舒緩，節奏中速偏慢，適合用於日常生活 vlog 背景配樂。」

## 10-3 風格、節奏與樂器的組合提示詞技巧

❑ **延伸提示詞設計建議**

| 想控制元素 | 加入語句提示 |
|---|---|
| 指定段落起伏 | 開場旋律平穩，10 秒後進入副歌 |
| 想要旋律重點 | 旋律為主導，強調主旋律清晰 |
| 不希望有人聲 | 無主唱／instrumental only |
| 想要自動循環 | 建議能 loop 播放／適合循環播放 |

❑ **總結**

透過「風格 × 樂器 × 情緒」的組合設計，你可以用一句提示詞創造出風格一致、情感鮮明的音樂作品。這種邏輯不僅提升了創作效率，也讓每段音樂都更符合實際用途與內容調性，是提示詞設計的進階關鍵。

## 10-3-2 提示詞語句設計技巧 - 一段節奏輕快的原聲吉他旋律

好的音樂提示詞不只是關鍵詞的堆疊，更是一句結構清楚、語氣自然的「語句」。本節透過「一段節奏輕快的原聲吉他旋律」為例，示範如何設計具有邏輯性與語意清晰的提示詞語句。

❑ **為什麼要用完整語句設計提示詞**

- 有助 AI 更準確解析「主體」與「修飾」的對應關係
- 可整合風格、節奏、樂器與用途等多重訊息
- 可直接複製貼入平台使用，降低語義錯誤機率
- 較接近自然語言，便於跨平台與語系轉換

❑ **句型結構分析**

實例：「一段節奏輕快的原聲吉他旋律」。

| 成分 | 功能說明 | 語詞範例 |
|---|---|---|
| 一段（時間單位） | 告訴 AI 輸出的是片段、旋律還是歌曲 | 一段／一首／一小段／30 秒的 |
| 節奏輕快（節奏） | 指定音樂速度與律動感 | 節奏明快／有律動感／緩慢放鬆 |
| 原聲吉他（樂器） | 明確指出主奏樂器 | 原聲吉他／鋼琴／電子鼓／小提琴 |
| 旋律（類型） | 指定要生成的是旋律型音樂，不含主唱 | 旋律／伴奏／主題音樂／背景配樂 |

# 第 10 章　音樂與歌曲提示詞應用

## ❏ 提示詞語句設計技巧整理

① 技巧一：用「一段…的音樂」開頭，表達結構與長度

| 範例 | 功能說明 |
| --- | --- |
| 一段節奏輕快的原聲吉他旋律 | 節奏明快，樂器清楚，以旋律為主 |
| 一首緩慢的鋼琴與小提琴組合音樂 | 淡化節拍、提升情感厚度 |
| 一段 15 秒的電子音樂片頭 | 明確時間、風格用途一致 |

② 技巧二：可加上風格或用途資訊使語意更完整

| 原句 | 增強後提示詞 |
| --- | --- |
| 一段節奏輕快的原聲吉他旋律 | 一段節奏輕快的原聲吉他旋律，風格輕鬆，適合 vlog 背景配樂 |
| 一段溫柔的鋼琴旋律 | 一段節奏緩慢、情緒溫柔的鋼琴旋律，適合 Podcast 開場使用 |

③ 技巧三：注意主詞、修飾語順序

　　推薦順序為：「時間單位」→「節奏」→「樂器」→「用途」

　　● 這樣 AI 較容易解析每一段訊息的結構

**實例 1**：一段 30 秒的節奏穩定鋼琴旋律，風格為 ambient，適合用於教育影片配樂

## ❏ 應用實例

**實例 2**：旅遊 vlog 背景配樂。「一段節奏輕快的原聲吉他旋律，情緒開朗，音色清晰，長度約 20 秒，適合 Instagram Reels 的旅遊 vlog 背景配樂使用。」

**實例 3**：品牌活動開場配樂。「一段節奏明快的電子音樂，使用合成器與打擊樂器，風格活潑，情緒積極，長度 15 秒，適合品牌快閃活動影片開頭使用。」

**實例 4**：深夜 podcast 背景音樂。「一段旋律緩慢的鋼琴 ambient 音樂，風格柔和、音色溫潤，適合夜晚放鬆聆聽，用於 podcast 主持人開場前的背景襯樂。」

## ❑ 常用語句模版（可套用）

一段【節奏】的【樂器】旋律，風格為【音樂類型】，情緒為【感受】，長度約【時間】，適合用於【具體應用】。

## ❑ 總結

提示詞不只是關鍵字堆疊，而是「一句好說、AI 好懂」的語句設計。掌握語句順序與描述清晰度，你就能寫出一組讓 AI 穩定生成、有情緒、有方向的音樂提示詞。建議使用自然語句作為設計模板，再依風格調整關鍵參數即可。

## 10-3-3 避免過度模糊與重複形容詞

在撰寫 AI 音樂提示詞時，使用「beautiful」「nice」「good」等模糊形容詞容易導致結果不明確、風格不一致。本節說明如何用具體形容詞取代空泛語彙，讓 AI 更清楚地理解你想要的音樂特質。

## ❑ 為什麼「beautiful」這類形容詞會出問題

| 問題類型 | 說明與影響 |
|---|---|
| 意義過於模糊 | AI 難以判斷你要的是旋律美、音色柔和還是節奏動聽 |
| 缺乏操作性 | 無法對應具體風格、樂器或節奏，無法轉換為有效音樂特徵 |
| 容易重複堆疊 | 若整句提示詞都是「好聽、美麗、悅耳」，可能造成模型生成結果無焦點或風格混亂 |

## ❑ 模糊詞語 vs 精準詞語對照表

| 模糊形容詞（應避免） | 建議替代詞語 | 功能強化說明 |
|---|---|---|
| beautiful | 柔和旋律（gentle melody）／溫暖氛圍（warm tone） | 更清楚表達音色與情緒 |
| good | 節奏穩定（steady rhythm）／旋律簡潔（simple melody） | 說明結構或節奏特徵 |
| nice | 和聲豐富（rich harmony）／旋律感性（emotional melody） | 可反映音樂層次或情緒厚度 |
| peaceful | 療癒感（soothing）／冥想感（meditative） | 精準區分用途與聆聽情境 |

# 第 10 章　音樂與歌曲提示詞應用

- **原句 vs 優化句對照實例**
  - 原提示詞（模糊）：「一段 beautiful 的音樂，適合放鬆使用。」
  
  問題說明：
    - 不清楚是旋律好聽？音色柔和？情緒舒緩？
    - 生成結果可能是流行、古典、Lo-fi 風格都混合
  
  - 優化後提示詞（具體）：「一段旋律溫柔、節奏緩慢的 Lo-fi 音樂，使用鋼琴與原聲吉他，情緒療癒，適合夜晚放鬆聆聽。」
  
  功能提升：
    - 明確指出風格、節奏與樂器
    - 情緒具體可解析
    - 使用情境明確指示用途

- **提示詞句型模板**

  一段【節奏描述】的【風格】音樂，旋律【描述】，情緒為【情緒語氣】，使用【樂器】，適合【用途】。

  **實例 1**：「一段節奏穩定的 ambient 音樂，旋律簡單，音色柔和，使用電子鋼琴與弦樂，適合教學影片背景配樂。」

- **總結**

  提示詞不在於「多」而在於「準」。避免使用像「beautiful」「nice」這類語意模糊的形容詞，改用具體描述旋律、節奏、音色與情緒的語彙，能讓 AI 更精準地產出你真正需要的音樂風格。提示詞寫得好，作品就成功了一半。

## 10-3-4　控制節奏與斷句感

音樂節奏是影響觀眾情緒與畫面節拍的核心元素。透過提示詞控制「節奏速度」與「斷句感」，可明確區分不同用途的音樂風格，例如冥想配樂需慢拍，而運動短片則偏好重節奏與動感明顯的段落。

## 10-3 風格、節奏與樂器的組合提示詞技巧

### ❑ 為什麼要控制節奏與斷句感

| 控制要素 | 功能與影響 |
|---|---|
| 節奏快慢 | 影響觀眾的心理節拍與畫面同步性 |
| 斷句感 | 音樂段落之間的呼吸與過場，決定情緒推進與節奏節點 |
| 節拍密度 | 對應剪輯頻率與身體律動（尤其對跳舞影片與健身片段影響明顯） |
| 應用搭配 | 適配冥想、學習、Vlog、運動、活動開場等各類影音場景 |

### ❑ 兩種對比性提示詞實例解析

**實例 1**：慢拍節奏（適合冥想、冥想 App、深夜放鬆）。「請創作一段節奏緩慢的背景音樂，旋律柔和，風格為 ambient，使用電子鋼琴與弦樂，情緒平靜，適合冥想與深夜放鬆聆聽。」

| 元素 | 描述 |
|---|---|
| 節奏 | slow tempo／緩慢拍點 |
| 斷句感 | 音與音之間有空間，旋律緩慢鋪陳 |
| 整體氛圍 | 音樂連貫但節奏鬆散，不強調強拍 |
| 適用情境 | 冥想音樂、放鬆背景、助眠聲音、靜態畫面配樂 |

**實例 2**：重節奏（適合運動短片、健身廣告、節奏跳舞片段）。「創作一段節奏明確且重拍感強的音樂，風格為電子舞曲，搭配低音鼓與合成器，節奏為 fast tempo，旋律簡潔有力，適合運動影片與短影音挑戰配樂使用。」

| 元素 | 描述 |
|---|---|
| 節奏 | fast tempo／強節拍 loop |
| 斷句感 | 清晰段落，常出現 drop、過門、起伏分明 |
| 整體氛圍 | 音樂推動力強，利於畫面剪接或跟隨節拍舞動 |
| 適用情境 | 健身剪輯、快閃影片、舞蹈挑戰、品牌動感片頭 |

### ❑ 常見節奏相關提示詞語彙整理（中英文對照）

| 中文詞語 | 英文提示詞 | 功能與使用建議 |
|---|---|---|
| 慢節奏 | slow tempo | 放鬆、療癒、冥想、閱讀、學習、晚安音樂 |
| 穩定節奏 | steady rhythm | Podcast 背景、簡報過場、教學配樂 |

### 第 10 章　音樂與歌曲提示詞應用

| 中文詞語 | 英文提示詞 | 功能與使用建議 |
| --- | --- | --- |
| 快速節奏 | fast beat / uptempo | 開場動畫、商品揭示、快節奏短影音、運動剪輯 |
| 重拍節奏 | strong beat / punchy | 舞曲、鼓點強烈片段、街舞影片、挑戰主題配樂 |
| 漸進節奏 | build-up | 品牌故事主題、情緒鋪陳片段、片尾收尾 |
| 節奏明確且律動感 | rhythmic / groovy | 舞蹈挑戰、音樂短片、遊戲回顧、人物走秀 |

#### ❏ 提示詞撰寫建議技巧

| 目的場景 | 建議節奏語法設計 |
| --- | --- |
| 冥想／放鬆 | 「節奏緩慢」「旋律柔和」「空間感」「沒有強拍」「ambient」 |
| 教學／簡報 | 「節奏穩定」「旋律簡單」「音量柔和」「instrumental only」 |
| 運動／舞蹈短片 | 「節奏快速」「重拍明顯」「含 drop／副歌段」「強鼓點」「electronic」 |
| 品牌開場／故事片頭 | 「節奏起伏明顯」「開場平穩，高潮段落強化」「有過門或轉場段」 |

#### ❏ 提示詞句型模板

一段【時間長度】的背景音樂，風格為【音樂類型】，節奏【慢／中速／快】，旋律【簡單／複雜】，情緒【溫暖／激勵／平靜】，適合【用途】。

**實例 3**：「一段 30 秒的電子音樂，節奏快速且重拍感強，旋律簡潔，適合 TikTok 健身短片與商品快閃開場影片使用。」

#### ❏ 總結

「節奏控制」是提示詞設計中不可或缺的要素。透過調整節奏速度與段落斷句感，不僅能讓音樂更貼合畫面節奏，也能引導觀眾情緒、提升觀賞體驗。記得：冥想重在放鬆節奏，運動重在律動強拍，不同場景有不同的節奏語言。

## 10-4　歌曲創作提示詞設計（旋律＋歌詞＋風格）

AI 不只會作曲，也能創作包含旋律與歌詞的完整歌曲。透過提示詞設計，我們可以為品牌、影片、Podcast 或創作實驗打造風格明確、有主題情緒的原創歌曲。本節將帶你掌握 AI 歌曲創作的提示詞寫法與應用策略。

## 10-4-1 歌曲旋律線提示詞設計 - 副歌、重點句與段落節奏

AI 創作的歌曲能否動聽，旋律設計是關鍵。提示詞中若能明確描述副歌位置、旋律高點與節奏段落，將有助於生成結構清晰、起伏分明、情緒帶動有力的完整歌曲。本節將說明如何引導旋律設計。

❑ **為什麼要控制旋律線與段落節奏**

- 旋律是歌曲的「主線」，決定可記憶性與感染力。
- 段落節奏（如副歌、過門）決定情緒的推進與層次。註：過門（英文是：bridge 或 transition）是指歌曲中用來連接不同段落（如主歌與副歌）、或過渡情緒變化的短暫段落，也可稱「間奏」或是「橋段」。它通常不是主旋律的重點，但在情緒推進與音樂層次上扮演關鍵角色。
- AI 若無引導，常會生成單調或無高潮的旋律段落。
- 在提示詞中加入「副歌突出」、「高潮段落」、「段落遞進」可強化曲式完整度。

❑ **提示詞結構建議 - 旋律 × 段落 × 節奏 × 情緒**

| 模組 | 說明 | 範例關鍵詞 |
| --- | --- | --- |
| 段落定位 | 告訴 AI 要有結構分段 | 有明確副歌／過門段／結尾漸弱 |
| 旋律走向 | 指定旋律在副歌高亢或平穩 | 副歌旋律上揚／前段旋律輕柔 |
| 節奏設定 | 控制每段拍點與律動感 | 副歌節奏加快／段落有停頓感 |
| 情緒推進 | 告訴 AI 音樂如何帶動聽覺情緒 | 情緒從低沉推進到激昂／結尾收斂 |

❑ **應用實例**

**實例 1**：具有副歌與段落層次的抒情歌。「創作一首 60 秒的抒情歌曲，旋律溫柔但副歌高亢，主歌段落旋律簡潔，副歌進入後節奏與情緒明顯提升，適合用於情感主題短片結尾配樂。」

功能重點：

- 明確副歌段落
- 主歌／副歌旋律有層次對比
- 情緒由平靜 → 激昂遞進

**實例 2**：節奏推進感強的品牌主題歌。請創作一首品牌主題曲,前段旋律平穩、後段節奏加快,副歌具旋律記憶點,整體曲式清楚,音樂長度 45 秒,適合影片開場鋪陳品牌價值後進入品牌名稱副歌段。」

功能重點:

- 結構化旋律設計:引子 → 主歌 → 副歌
- 副歌為情緒高潮(可放品牌名稱)
- 有利於影片剪輯對拍

**實例 3**:適合短影音的副歌導向旋律。「創作一首節奏輕快的流行歌曲,副歌從第 10 秒開始,旋律明亮、易記、押韻,適合用於 Instagram Reels 的 15 秒短片挑戰影片,強調副歌能獨立成為短影音主旋律。」

功能重點:

- 副歌提前進入,方便剪輯用作挑戰主段
- 押韻／旋律明亮,增加傳唱性與吸睛力
- 適合平台:TikTok/Reels 等音樂為主的短影片

❏ 常用旋律段落語句庫

| 功能需求 | 中文提示詞句型 |
| --- | --- |
| 指定副歌時間點 | 副歌在第 10 秒進入／第 15 秒開始 |
| 設定副歌旋律高點 | 副歌旋律明亮有力／副歌旋律高音上揚 |
| 控制情緒推進 | 前段情緒溫柔、後段情緒熱血／副歌為情感爆發點 |
| 設計段落層次 | 歌曲分為三段:主歌、過門、副歌,旋律遞進 |
| 指定結尾方式 | 結尾旋律逐漸下降並收尾／以漸弱方式收尾 |

❏ 提示詞句型模板

請創作一首【曲風】歌曲,長度為【幾秒／分鐘】,副歌在第【幾秒】開始,旋律【上揚／平穩／記憶性高】,整體節奏【慢／中速／明快】,情緒由【某情緒】推進到【高潮情緒】,適合用於【應用情境】。

**實例 4**：「請創作一首 R&B 風格的歌曲，長度為 50 秒，副歌旋律感性且具記憶點，節奏由中速轉為快速，情緒由內斂推進到熱烈，適合用於品牌故事影片結尾配樂。」

❏ 總結

旋律設計是讓 AI 歌曲「不只動聽，而是有結構」的關鍵。只要在提示詞中加入副歌時間點、旋律走向與段落節奏等細節描述，就能讓 AI 產出的音樂具備專業音樂編曲的完整性，更容易應用於品牌、短片與創作平台中。

## 10-4-2　歌詞主題與語氣設定 - 從故事性到情緒色彩的語句設計

AI 生成歌曲歌詞時，提示詞中對主題與語氣的描述將直接影響歌詞內容的情感厚度與敘事方向。本節將說明如何用提示詞設定歌詞主題、語氣與敘事風格，打造貼近內容需求的創作語句。

❏ 為什麼「歌詞主題」與「語氣設定」如此重要

- 歌詞主題 決定整首歌要「講什麼」- 是關於愛情、夢想，還是失落與重生？
- 語氣設定 則決定「怎麼講」- 是輕鬆調侃、含蓄抒情，還是熱血激昂？

兩者組合，才能產出有情感、有畫面、有故事邏輯的完整歌詞。

❏ 設計提示詞時的兩大關鍵維度

① 主題設定（Theme）

主題是歌詞的核心內容，可分為幾大類型：

| 主題類別 | 說明 | 中文提示詞範例 |
| --- | --- | --- |
| 愛情 | 描述戀愛、分離、暗戀、思念等感情經驗 | 關於一段失去的愛／寫給喜歡卻說不出口的人 |
| 勵志／夢想 | 描述堅持、奮鬥、自我超越 | 關於從失敗中重新站起／追夢的旅程 |
| 成長 | 關於過去與現在、與自己對話 | 描述學生時期與現在的我之間的對比 |
| 人際關係 | 描述友情、家庭、師生、同事情感 | 關於朋友之間的誤會與和好／寫給媽媽的一封信 |
| 自省與情緒 | 描述憂鬱、孤獨、迷惘、療癒、希望等情緒 | 在夜裡與自己對話／關於找到內在平靜的旅程 |

提示詞語句設計範例：

- 「歌詞主題為『重新找回自己』，情感由迷惘轉為希望」
- 「描述兩個好朋友因誤會疏遠後重新和好的故事」
- 「從一段戀情的開始到分手，用四段歌詞講完這段情節」

② 語氣設定（Tone）

語氣決定了歌詞的表達方式，是輕鬆還是沉重，是直接表達還是含蓄暗喻。

| 語氣風格 | 說明 | 中文提示詞範例 |
| --- | --- | --- |
| 抒情／柔和 | 含蓄、溫柔、內斂的語言風格 | 語氣抒情溫柔，詞句簡潔，內心情感細膩描寫 |
| 劇情敘事 | 像講故事，有起承轉合 | 用敘述方式講完一段愛情故事，第一人稱敘述，畫面感強 |
| 詩意寫意 | 運用比喻、象徵、意象 | 用自然元素象徵情緒，如「雲代表情緒、風代表距離」 |
| 直接坦率 | 開門見山、不繞彎子 | 歌詞語氣直接，用簡單語言說出自己感受，不避諱「我愛你」 |
| 激昂熱血 | 強節奏、鼓舞性強 | 語氣正面鼓舞人心，節奏明快，鼓勵聽者不放棄 |
| 輕鬆幽默 | 用詞有趣、不沈重 | 用俏皮語句講述愛情的煩惱，語氣輕鬆，不落俗套 |

語氣與主題搭配範例：

| 主題 | 語氣 | 提示詞語句設計範例 |
| --- | --- | --- |
| 青春愛情 | 抒情＋敘事 | 描述從校園暗戀到大學畢業，語氣溫柔，第一人稱敘事 |
| 勵志逐夢 | 熱血＋詩意 | 將夢想比喻成星星與山路，語氣昂揚，旋律具有推進力 |
| 心碎失戀 | 內斂＋詩意 | 不直接說分手，用時間與記憶的意象描寫分離過程，詞語帶有感傷氛圍 |

## 應用實例

**實例 1**：關於夢想與希望的歌曲。「請創作一首主題為「重新找回自信」的勵志歌曲，語氣溫柔而堅定，歌詞從迷失開始，慢慢轉向希望與勇氣，適合影片片尾播放，鼓勵觀眾不放棄夢想。」

**實例 2**：關於青春的敘事情歌。「一首描述青春暗戀的抒情歌，語氣含蓄但情感深刻，使用第一人稱敘述與大量回憶畫面，主歌描述當年校園場景，副歌為「我一直沒說出口的那句話」。」

# 10-4 歌曲創作提示詞設計（旋律＋歌詞＋風格）

**實例 3**：品牌歌曲，正向鼓舞風格。「請創作一首品牌主題曲，主題為「一起創造未來」，語氣正面、鼓舞人心，旋律具記憶點，歌詞簡潔，適合配合科技品牌影片使用。」

## ❏ 總結

好的歌詞提示詞必須兼具主題清楚與語氣具體。主題讓 AI 知道「你要寫什麼」，語氣讓 AI 知道「你怎麼寫」。透過這兩項控制，你能讓 AI 創作出情緒有層次、敘事有邏輯的完整歌曲，無論是自媒體、品牌影片或創作專輯皆可運用。

## 10-4-3 風格與演唱方式提示 - 從流行到爵士的聲音語言設計

在 AI 歌曲創作中，除了旋律與歌詞，提示詞中對「風格」與「演唱方式」的描述，也會直接影響成品的聽覺質感與情感深度。本節將說明如何用提示詞設計從流行到爵士等多種聲音語言的演唱風格。

> **註** 在 10-4-1 節中，我們聚焦於旋律線的段落設計與結構安排，如副歌進入點與情緒推進節奏。本節則轉向「演唱者的聲音語氣與唱法」，進一步調整人聲的風格語言與情緒張力，兩者共同構成一首歌曲的完整風貌。

## ❏ 為什麼要控制「音樂風格」與「演唱方式」

| 項目 | 功能與意義 |
|---|---|
| 音樂風格 | 決定整體編曲、節奏與音色結構，如 Pop、Jazz、R&B、Hip-hop |
| 演唱方式 | 決定歌手聲線呈現的語氣、情感強度與語音節奏 |
| 整體聽感 | 風格 × 演唱方式 = 作品定位，如「流行抒情 vs 爵士呢喃」 |

## ❏ 常見音樂風格 × 演唱方式對照範例

| 音樂風格 | 常見演唱語氣特徵 | 適合描述語句提示詞 |
|---|---|---|
| 流行（Pop） | 明亮、旋律性強、結構清楚 | 流行風格，旋律簡單有記憶點，適合群眾傳唱 |
| 抒情（Ballad） | 情感豐富、慢節奏、聲音內斂 | 抒情風格，演唱溫柔，情緒濃厚 |
| R&B | 節奏律動、聲音柔滑、滑音處理多 | R&B 演唱，聲音流動、語尾滑音，情緒感性 |
| 爵士（Jazz） | 即興感強、語氣慵懶、節奏自由 | 爵士風格，演唱呢喃低語，有現場感 |
| 電子（EDM） | 電子化、機械節奏、常搭自動調音 | 電子舞曲風格，節奏強烈，演唱節奏簡短明快 |
| 搖滾（Rock） | 聲音厚重、有爆發力、語氣直接 | 搖滾風格，歌聲強烈粗獷，副歌有力量 |
| 饒舌（Rap） | 節奏口語、語速快、旋律性弱 | Rap 段落，語速快，押韻明確，主歌採口語敘事方式 |

## 第 10 章　音樂與歌曲提示詞應用

### ❑ 常見演唱方式提示詞語句範例

| 描述目標 | 中文提示詞設計句 |
| --- | --- |
| 語氣柔和 | 歌手聲音溫柔、語氣平靜，表現內心情緒細膩 |
| 爆發情感 | 副歌段演唱激昂，聲線有力，情緒上揚 |
| 現場感 | 有臨場感的演唱方式，帶些微氣音與節奏自由感 |
| 情緒遞進 | 開場歌聲低語，副歌段漸強，情感推進有層次 |
| 語速變化 | 主歌段語速偏慢，副歌加快，帶動整體節奏動感 |

### ❑ 應用實例

**實例 1**：流行抒情風格演唱。「請創作一首流行抒情歌曲，主歌段旋律柔和、演唱溫暖，副歌旋律上揚且情感濃烈，聲線乾淨，語氣誠懇，適合青春愛情主題影片使用。」

功能重點：
- 主副歌段落對比
- 情緒推進明確
- 聲音乾淨、抒情性強

**實例 2**：Jazz 呢喃式演唱。「創作一首爵士風格的歌曲，演唱方式低語慵懶，有現場感，節奏自由，旋律流動感強，情緒輕鬆，適合用於咖啡廳主題短影音。」

功能重點：
- 演唱風格有特色（呢喃／即興）
- 適合氣氛鋪陳
- 運用於特定空間氛圍影片

**實例 3**：電子舞曲快節奏演唱。「請創作一首電子流行歌曲，節奏快速、合成器主導，歌詞簡潔，副歌旋律具記憶點，演唱方式節奏清晰，聲音具有科技感，適合用於產品開場動畫。」

功能重點：
- 快節奏 短句型旋律
- 合成器音色搭配科技語氣
- 演唱方式與品牌視覺相輔相成

## 10-4 歌曲創作提示詞設計（旋律＋歌詞＋風格）

❏ **語句設計提示**

| 想表現內容 | 提示詞補充建議語句 |
|---|---|
| 演唱者性別 | 由女聲演唱／由男聲演唱／男女對唱 |
| 聲音風格 | 聲音溫柔細膩／聲音厚實充滿力量／帶有氣音 |
| 語氣控制 | 演唱語氣輕鬆自然／情緒控制穩定／語尾帶滑音 |
| 表現技巧 | 有轉音處理／包含高音延伸／押韻語句清晰 |

❏ **總結**

音樂風格與演唱方式是 AI 歌曲提示詞中不可或缺的元素。當你能明確告訴 AI「誰在唱」、「用什麼聲音」、「用什麼情緒」，你將不只是生成一段旋律，而是創造出一段「具有情感靈魂」的完整歌曲。記得，聲音的語言也是提示詞的語言。

### 10-4-4 實用歌曲提示詞範例 - 品牌主題曲／情感歌曲／短影音主打歌

AI 已可根據提示詞生成完整歌曲，包括旋律、歌詞與人聲演唱。為幫助讀者快速應用，本節提供三種實務常見場景 - 品牌主題曲、情感敘事歌曲與短影音主打歌的提示詞範例與設計邏輯。

❏ **為什麼需要範例參考**

- 初學者可快速理解提示詞句型的結構
- 實務應用上，每種場景需求不同（長度、情緒、詞風）
- 範例可用於修改再創作、擴展品牌聲音設計或創意內容製作

❏ **提示詞應用場景 × 設計邏輯 × 實例說明**

**實例1**：品牌主題曲（Corporate Theme Song）。「請創作一首長度 45 秒的品牌主題曲，風格為電子流行，旋律簡潔有記憶點，歌詞主題為『創新讓未來更近』，演唱語氣溫暖正向，適合科技公司形象影片使用。」

- 應用場景：科技／教育／文創品牌的影片開頭或主題音樂，用來建立品牌情緒辨識與風格統一。

## 第 10 章　音樂與歌曲提示詞應用

- 提示詞設計要點
  - 音樂風格明確（如電子流行／鋼琴抒情）
  - 歌詞包含品牌價值（如創新、信任、未來）
  - 語氣鼓舞、旋律具有記憶點
  - 建議長度 30～60 秒

**實例 2**：情感歌曲（Emotional Storytelling Song）。「創作一首敘事性抒情歌曲，描述一段未曾說出口的暗戀，語氣含蓄，旋律緩慢，副歌在第 20 秒進入，使用原聲吉他與鋼琴伴奏，適合用於青春主題影片或畢業紀念短片。」

- 應用場景：用於故事型短片、情感訴說、畢業影片、情侶互動、公益訴求等。
- 提示詞設計要點
  - 主題具敘事性（如一段回憶、一場分離、一句沒說出口的話）
  - 語氣可抒情／內斂／溫柔／懷舊
  - 可指定段落結構（主歌鋪陳 → 副歌高潮）
  - 使用第一人稱敘述，情感更貼近

**實例 3**：短影音主打歌（Social Media Hook Song）。「請創作一首短影音主打歌，長度為 20 秒，風格為電子流行 R&B，副歌旋律上揚、節奏強烈，歌詞簡短押韻，有重複句，適合 TikTok 挑戰影片使用。」

- 應用場景：用於 TikTok、Reels 等短影片中「一聽就記得」的 15～30 秒熱門旋律段，重複播放或配合動作、轉場、舞蹈等。
- 提示詞設計要點
  - 副歌段明確，節奏明快、旋律簡單
  - 歌詞有「重複句／押韻句」，適合配舞或動作剪輯
  - 音色亮眼，有辨識度，使用電子音、鼓點可強化節奏
  - 建議總長度不超過 30 秒

❑ **提示詞句型模板**

請創作一首【風格】歌曲，長度為【幾秒／分鐘】，主題為【簡述主題】，歌詞語氣為【情感類型】，旋律【簡單／層次分明／具記憶點】，適合【應用情境】。

## 10-4 歌曲創作提示詞設計（旋律＋歌詞＋風格）

**實例 4**：「創作一首風格為 Lo-fi 抒情的歌曲，長度約 60 秒，主題是「寫給自己的信」，旋律平穩，語氣溫柔內省，適合 Podcast 結尾段播放。」

### ❏ 總結

不同應用場景對歌曲風格與提示詞設計的要求各不相同。品牌歌曲注重風格一致與價值傳遞，情感歌曲需有敘事張力與語氣深度，而短影音歌曲則講求旋律記憶性與節奏吸引力。透過清晰的提示詞結構設計，你可以用 AI 精準產出專屬音樂內容，賦予每段故事一個「可以被聽見」的靈魂。

# 第 10 章　音樂與歌曲提示詞應用

# 第 11 章
# AI 影片生成與編排提示詞實戰

11-1　影片提示詞的設計結構與語法

11-2　影片腳本格式與提示詞撰寫技巧

第 11 章　AI 影片生成與編排 - 提示詞實戰

隨著生成式 AI 技術的演進，我們已能透過文字提示詞直接生成具有場景、動作與節奏感的影片內容。本章將聚焦於「如何撰寫能引導 AI 生成影片的提示詞」，包括場景描述、角色動作、情境轉換、字幕語氣與輸出格式控制等技巧。

無論是創作品牌形象短片、社群動態影片、教育微課程或敘事動畫，良好的提示詞能讓影像更具畫面感與故事性。你可以使用如 Sora（OpenAI）或 Runway 這類支援文字轉影片的工具來測試本章內容，專注於語言如何有效轉化為視覺。透過提示詞的結構掌握與實戰練習，我們將一步步建構出屬於你的 AI 影片創作流程。

## 11-1　影片提示詞的設計結構與語法

影片提示詞的寫法不同於圖像與音樂，除了描述畫面內容，更需要傳達動態感、時間感與敘事節奏。本節將拆解影片提示詞的基本構成要素，幫助你撰寫出能驅動 AI 正確生成畫面的語句。

### 11-1-1　提示詞語法基本結構 - 主體 + 動作 + 場景 + 架構 + 情緒

影片提示詞與圖像提示詞最大的不同在於，它需同時描述動態與時間感。透過主體、動作、場景、鏡頭架構與情緒五大要素的組合，我們能讓 AI 精準理解畫面設計與敘事節奏。

❏　提示詞五大核心結構解析

① 主體（Subject）：明確指出「畫面中出現的是誰／什麼」，可以是人物、動物、物件或抽象角色。

| 類型 | 範例 |
| --- | --- |
| 人物 | 一位穿著西裝的男子／一位戴眼鏡的女學生 |
| 動物 | 一隻奔跑中的柴犬／兩隻跳舞的鸚鵡 |
| 物品 | 一張漂浮的書桌／一部自動駕駛的車 |
| 抽象概念 | 一個由數位粒子組成的智慧城市／時間化身為流動光影的形體 |

● 提示詞可用：「畫面主體為 ... 」、「場景中的角色是 ... 」

② 動作（Action）：指定主體正在執行的行為，是「影片」提示詞的核心。

| 動作類型 | 範例 |
|---|---|
| 身體動作 | 奔跑、轉身、舉手、跳躍、走路、趴下 |
| 情緒動作 | 微笑、流淚、瞪眼、沉思、尖叫 |
| 特效動作 | 漂浮、分解、閃現、閃耀、數位爆炸 |
| 社交互動 | 兩人對話／握手／對視／一起跳舞 |

- 提示詞可用：「主角正在 ...」、「動作為 ... 的過程」

③ 場景（Environment / Background）：場景描述決定影片的時間、空間與視覺風格背景。

| 類型 | 範例 |
|---|---|
| 自然場景 | 森林小徑、沙漠、星空下的湖畔、瀑布旁 |
| 城市場景 | 霓虹城市街道、未來高樓環繞的廣場、地鐵站月台 |
| 室內空間 | 書房、教室、餐廳廚房、實驗室 |
| 虛構背景 | 數位空間、太空艙、夢境中的浮空島 |

- 提示詞可用：「背景為 ...」、「場景設定在 ...」

④ 鏡頭架構與構圖（Composition / Shot Type）：影片提示詞可進一步描述鏡頭視角與畫面配置，提升視覺結構感。

| 要素類型 | 範例與功能 |
|---|---|
| 構圖位置 | 主角位於畫面中央／偏右／靠左上角 |
| 鏡頭運鏡 | 鏡頭緩慢推進／由下往上拍／空拍視角／特寫 |
| 動態節奏 | 鏡頭隨角色移動／穩定鏡頭／快速剪接切換 |
| 視覺留白 | 畫面上方留白以放字幕／左側留空可置商品標語 |

- 提示詞可用
  - 構圖偏右，主角留在畫面下方」
  - 「使用仰視構圖，強調角色氣勢」
  - 「鏡頭隨角色緩慢向右移動」

⑤ 情緒氛圍（Mood / Tone）：情緒語氣會決定畫面的光影、音樂搭配與整體節奏。

| 情緒類型 | 描述方式 |
| --- | --- |
| 感動 | 情緒漸進／光線溫暖／背景音為抒情鋼琴旋律 |
| 熱血 | 節奏強烈／光影強對比／音樂為鼓點強勁的電子音 |
| 懸疑／緊張 | 鏡頭快速切換／色調偏冷／主角頻頻回頭／背景為低沉音效 |
| 溫馨／療癒 | 構圖穩定、配樂輕柔／角色互動自然，畫面慢節奏推進 |

- 提示詞可用
    - 「畫面情緒為緊張懸疑，鏡頭切換快速，燈光昏暗」
    - 「整體氛圍溫暖療癒，光線柔和，角色互動自然」

❑ 應用實例

**實例 1**：劇情敘事型影片（溫暖感人）。「主體為一位戴著帽子的老奶奶，動作為在寒冬街道上緩慢走路，場景設定在飄雪的老城街道，構圖為側面仰視視角，畫面氛圍溫暖療癒，光線柔和，有橘色路燈照亮背景。」

- 應用場景：故事影片、節慶短片、情感品牌敘事。

**實例2**：運動品牌宣傳影片（節奏強烈）。「主體為一位運動員，動作為快速衝刺奔跑，場景設定在城市黃昏的高架橋上，構圖為正面特寫，畫面氛圍緊張且充滿力量，光線對比強烈，鏡頭略有手持晃動感。」

- 應用場景：運動用品開場動畫、品牌廣告片頭、挑戰影片主視覺。

**實例3**：幻想風格影片（夢幻奇幻）。「主體為一位穿著斗篷的男孩，動作為伸手觸碰漂浮的光球，場景設定在滿天星空的漂浮森林，構圖為俯視斜角視角，畫面氛圍夢幻神秘，光線從樹縫灑下，伴隨輕微漂浮粒子特效。」

- 應用場景：幻想動畫開場、音樂短片、NFT 故事敘述影片。

❑ 提示詞句型模板

　　主體為【角色描述】，動作為【行為】，場景設定在【環境背景】，構圖為【鏡頭視角與位置】，畫面氛圍【情緒語氣】。

**實例4**：「一位戴紅圍巾的女孩，正走在森林中的落葉小徑上，構圖偏左，攝影風格，畫面情緒溫暖，鏡頭由後方緩慢跟拍，背景光線穿透樹縫。」

第 11 章　AI 影片生成與編排 - 提示詞實戰

❑　總結

影片提示詞的核心，不在於詞彙多，而在於句子結構清晰、邏輯一致。透過「主體＋動作＋場景＋構圖＋情緒」的五段式語法，你可以精準控制 AI 所生成的畫面內容與節奏，讓影片不只是動起來，而是講一個完整的視覺故事。

## 11-1-2　常用場景類型描述語句（城市／森林／教室／虛構世界）

在影片提示詞中，明確描述場景是引導 AI 理解空間與氛圍的關鍵。不同場景類型會產生不同光影效果、構圖元素與情緒氛圍。本節將提供常見場景類型與對應語句範例，幫助你準確建構畫面空間。

❑　為什麼場景描述這麼重要

| 功能 | 說明 |
| --- | --- |
| 確定空間位置 | 幫助 AI 判斷角色「在哪裡」，以搭配合適的背景與構圖 |
| 決定光線、色調與元素分布 | 城市夜景 vs 森林白天，整體光影、色彩與構成完全不同 |
| 建立畫面風格基調 | 實境空間 vs 虛構世界，會導向寫實或夢幻、科幻等視覺風格選擇 |
| 引導動作與情節 | 角色在教室和沙漠中「走路」，動作的表現與效果會截然不同 |

❑　常見場景類型與提示詞語句範例

① 城市場景（City）

| 特徵 | 建議提示語描述語句 |
| --- | --- |
| 現代都市 | 背景為現代城市街道，高樓林立，霓虹燈閃爍，車流川流不息 |
| 傍晚街景 | 在黃昏的城市街道上，夕陽映照在玻璃大樓上，背景光線溫暖 |
| 夜間街頭 | 主角站在夜晚下雨的巷弄中，遠處有霓虹燈與車燈，光影反射在濕地面上 |

- 應用場景：科技影片、都市故事、品牌快閃活動、商品展示片頭。

② 自然場景（森林／山野）

| 特徵 | 建議提示語描述語句 |
| --- | --- |
| 清晨森林 | 背景為清晨的森林小徑，陽光穿過樹梢，地面有露水與落葉，光線柔和 |
| 黃昏草原 | 一位女孩走在黃昏的草地上，遠方有山丘，天邊是漸層的橘紅色夕陽 |
| 雪地森林 | 主角站在雪地裡的森林中，周圍被白雪覆蓋，背景為靜謐松林，氣氛寧靜 |

11-6

- 應用場景：旅遊 vlog、心靈療癒短片、自然科學教育、情感主題影片。

### ③ 室內場景（教室／書房／實驗室）

| 特徵 | 建議提示語描述語句 |
| --- | --- |
| 教室場景 | 背景為明亮的教室，牆上有白板與投影布幕，學生坐在整齊排列的桌椅上 |
| 書房空間 | 主角坐在溫暖燈光的書房裡，四周環繞書架與木質家具，背景氣氛安靜，適合專注學習 |
| 實驗室環境 | 在科技實驗室中，背景有發光儀器、數位螢幕與透明試管，場景帶有未來感與科技氛圍 |

- 應用場景：教育短片、課程解說、品牌知識型影片、科技產品展示。

### ④ 虛構世界（夢境／太空／奇幻場景）

| 特徵 | 建議提示語描述語句 |
| --- | --- |
| 幻想世界 | 主角站在漂浮的石橋上，背景為紫色星空與漂浮山脈，場景充滿奇幻與神秘感 |
| 太空基地 | 背景為太空艙內部，金屬牆面有控制面板與透明觀景窗，可見遠方星球與宇宙空間 |
| 數位虛擬世界 | 主角走在由光線構成的網格平台上，背景為數位粒子流動的空間，整體視覺如進入虛擬實境 |

- 應用場景：故事型動畫、NFT 項目影片、品牌願景影片、元宇宙或未來科技主題

## ❑ 應用實例

**實例 1**：學習情境影片（室內溫暖）。「場景設定在現代書房，背景為整面書架與溫黃燈光，畫面呈現溫暖安靜的氛圍，色調柔和，適合用於學習主題短片。」

- 應用場景：教學影片開場、學習動機引導、教育品牌形象。

**實例 2**：旅遊情感影片（自然抒情）。「場景設定在秋天的山坡草原，背景為遠方層層山巒與飄落的楓葉，畫面呈現午後斜陽灑落的溫柔光線與金黃色調，整體氛圍寧靜療癒。」

- 應用場景：旅遊 vlog、療癒系影片、個人紀錄片配樂畫面。

**實例 3**：未來科技影片（科幻冷調）。「場景設定在太空站觀景窗前，背景為宇宙星海與懸浮星球，畫面呈現藍紫色冷光與低飽和色調，氛圍帶有神秘與科技感。」

- 應用場景：元宇宙主題影片、品牌願景短片、未來產品概念宣傳片。

❏ 提示詞句型模板

場景設定在【具體場景】，背景為【描述要素】，畫面呈現【光線／氛圍／色調】。

**實例 4**：「場景設定在夜晚的城市街道，背景為霓虹招牌與車燈反光，畫面呈現濕潤光影與低飽和冷色調，整體氛圍緊張神秘。」

❏ 總結

場景描述是影片提示詞的「時空框架」，不同場景不僅影響畫面元素，更牽動整體光影氛圍與節奏情境。掌握常見場景詞彙與搭配語句，能幫助你快速生成符合主題與用途的影片段落，是影像創作中不可忽視的提示詞環節。

## 11-1-3　常見動作提示詞 - 行走、轉身、擺手、奔跑、跳舞等

在影片提示詞中，動作是決定「畫面變化」與「故事推進」的核心要素。相較於靜態圖像，影片生成更仰賴動態描述詞來引導角色行為與視覺節奏。本節將整理常見動作提示詞與語句設計技巧，提升提示詞的動態敘事能力。

## 11-1 影片提示詞的設計結構與語法

### ❏ 為什麼動作提示詞這麼關鍵

| 功能 | 說明 |
|---|---|
| 決定畫面節奏 | 動作是否持續或變換，影響每秒畫面內容與轉場頻率 |
| 塑造角色情緒與性格 | 走路的速度、姿勢、眼神等可表現角色內心（快步 vs 踱步） |
| 帶動敘事與鏡頭設計 | 從「走進場景」到「轉頭看鏡頭」會促使鏡頭跟拍、運動 |
| 協助視覺分段結構 | 一個片段可透過「進場－動作－離場」三段式動作安排形成畫面結構 |

### ❏ 常見動作提示詞分類與說明

① 基本移動動作（行走、跑步）

| 動作詞 | 說明與語句範例 |
|---|---|
| 行走 | 角色緩慢行進，適合平靜情境 |
| 快走 | 節奏略快但不奔跑，帶有目標感 |
| 奔跑 | 高速動作，表現緊急、追趕、快節奏場景 |

- 提示詞可用
  - 主角從畫面左側走入場景，步伐穩定。
  - 一位少年正快速奔跑穿過城市街道，背景為黃昏光影。

② 身體轉向與姿勢變化（轉身、蹲下、站起）

| 動作詞 | 說明與語句範例 |
|---|---|
| 轉身 | 可配合情緒（驚訝、決斷、回應），也可作為視覺過場轉折 |
| 蹲下／站起 | 增加角色層次與互動，如拾起物品、觀察地面等 |
| 停下動作 | 剎那凝止的畫面可增加情緒張力（如停下來回頭看） |

- 提示詞可用
  - 女主角轉身看向鏡頭，表情帶有驚訝
  - 一位男孩從椅子上站起，拿起背包準備離開

③ 互動與情緒動作（揮手、擁抱、看向遠方）

| 動作詞 | 說明與語句範例 |
|---|---|
| 揮手 | 傳遞歡迎／道別／吸引注意的情緒 |
| 擁抱 | 展現親密感、支持或分離前的情感 |
| 看向遠方 | 增加內省氛圍，讓觀眾跟著角色「思考或想像」 |

- 提示詞可用
  - 小女孩揮手向離開的車輛道別，背景是校園大門。
  - 一位男子站在山崖邊緣，靜靜看著遠方夕陽落下。

④ 舞蹈與節奏動作（跳舞、彈奏、拍手）

| 動作詞 | 說明與語句範例 |
|---|---|
| 跳舞 | 適合節奏感強的影片，如音樂挑戰、節慶片段 |
| 彈奏樂器 | 可強化視覺與音樂互動感，常用於影片與配樂連動 |
| 拍手 | 節奏帶動、氣氛強化，可作為過場動作或短節奏對拍鏡頭轉換 |

- 提示詞可用
  - 一位女孩在街頭隨音樂節奏跳舞，構圖偏右，背景為塗鴉牆。
  - 一位老人坐在公園長椅上，靜靜地彈奏手風琴。

❏ 應用實例

**實例 1**：情感型影片（抒情溫柔）。「主角正在慢慢地轉身看向鏡頭，背景為黃昏的海邊，構圖為正面特寫，整體氛圍溫柔且帶有感傷。」

- 應用場景：情感短片、MV、畢業紀念影片、品牌故事影片高潮段落。

**實例 2**：教育／勵志影片（沉穩專注）。「主角正在白板前講解數學題目，背景為現代教室，構圖為側面視角，整體氛圍專業而平靜。」

- 應用場景：線上課程開場、學習平台宣傳影片、簡報開場動畫。

**實例 3**：動感活動影片（活潑熱血）。「主角正在街頭跳舞，背景為塗鴉牆與人群，構圖為低角度仰拍，整體氛圍充滿活力與街頭節奏感。」

- **應用場景**：品牌挑戰影片、社群短影音（TikTok／Reels）、運動鞋或街頭服飾廣告片段。

### ❏ 提示詞句型模板

主角正在【動作】，背景為【場景】，構圖為【視角】，整體氛圍【情緒】。

**實例 4**：「一位穿著白襯衫的男子正在緩步行走於下雪的街道上，背景為昏黃街燈與落雪，構圖為側面跟拍，氛圍寧靜而略帶懷舊感。」

### ❏ 總結

影片提示詞中，動作是讓畫面「動起來」的核心要素。從基本的行走與轉身，到高階的舞蹈與互動，只要搭配場景與情緒語境，你就能寫出具有故事力、節奏感與視覺流動的動態提示詞，為 AI 生成影片帶來更強的敘事效果。

## 11-1-4 控制鏡頭視角與構圖 - 遠景／特寫／仰視／穩定運鏡等

影片生成不僅要描述場景與動作，也必須控制鏡頭視角與構圖位置，才能讓畫面具有專業感與敘事節奏。透過提示詞指定遠景、特寫、仰視與鏡頭運動方式，可讓 AI 生成符合畫面語言的影像。

第 11 章　AI 影片生成與編排 - 提示詞實戰

## ❑ 為何鏡頭視角與構圖如此重要

| 控制要素 | 功能與效果 |
|---|---|
| 鏡頭視角 | 影響觀眾「看角色的位置」，可傳達壓迫感、親近感或開放性 |
| 構圖位置 | 決定主角在畫面哪裡，影響畫面平衡與主題焦點（如三分法、偏左／偏右） |
| 鏡頭動態 | 是否「穩定」、「移動」、「手持」會改變觀影節奏與情緒連貫度 |
| 製造情緒氛圍 | 仰視可傳達崇高，俯視可表現孤獨，特寫可放大情感，遠景可營造壯闊或疏離感等 |

## ❑ 常見鏡頭視角／構圖詞彙對照表

| 視角類型 | 描述效果 | 適用語句範例 |
|---|---|---|
| 遠景 | 表現空間感、宏大場景、角色孤獨或渺小感 | 鏡頭從遠處拍攝城市街景／山谷／舞台 |
| 特寫 | 聚焦表情與細節，傳達情感或內心 | 鏡頭聚焦主角臉部，特寫拍攝眼神或手部動作 |
| 仰視 | 提升角色份量，增加氣勢或敬畏感 | 鏡頭由下往上看主角，背景是建築／天空 |
| 俯視 | 角色顯得渺小、脆弱，適合懸疑或孤獨氛圍 | 鏡頭俯視畫面，主角站在空蕩街道或教室角落 |
| 平視 | 中性視角，平衡觀察，適合自然對話與介紹場景 | 鏡頭平視主角，構圖對稱，鏡頭穩定 |

## ❑ 應用實例

**實例 1**：遠景構圖 + 鏡頭推進。「鏡頭從遠處拍攝森林小徑，緩慢向前推進，主角從畫面右側走入，場景開闊，氣氛平靜自然。」

- 應用場景：建立敘事開場、慢節奏旅行紀錄、冥想背景影片。

**實例 2**：特寫構圖 + 穩定鏡頭。「鏡頭穩定聚焦在主角臉部特寫，背景模糊，光線柔和，主角眼神略帶憂傷。」

- 應用場景：表現角色情緒、適合情感對白段落或品牌故事高潮。

**實例 3**：仰視構圖 + 緩慢運鏡。「鏡頭由下往上緩慢拍攝站在舞台中央的主角，構圖對稱，背景為燈光打亮的觀眾席，畫面呈現敬仰與張力感。」

- 應用場景：運動員登場、領導人發表演說、主角高光時刻。

## 11-1 影片提示詞的設計結構與語法

### ❑ 提示詞句型模板

鏡頭為【視角類型】，構圖為【主體位置／分佈方式】，畫面動態為【穩定／緩慢推進／快速切換】，氛圍為【平靜／緊張／莊嚴】。

**實例 4**：「鏡頭為仰視視角，構圖偏右，主角站在高台上，鏡頭緩慢推進至中景，整體氛圍莊嚴而充滿張力。」

### ❑ 總結

影片生成的「畫面語言」不只來自場景與動作，更來自鏡頭與構圖的安排。善用視角類型與構圖語句提示詞，能引導 AI 產出更具層次、專業感與敘事力的畫面，強化每一段畫面背後的意圖與情緒。

## 11-1-5 節奏與時間長度語句 - 10 秒段落／連續動作／畫面轉場等

影片的節奏與長度，是控制觀眾注意力與敘事節點的核心要素。透過提示詞中指定畫面時長、動作是否連續，以及是否有過場或轉場設計，能讓 AI 更精準地生成具有邏輯節奏與時間感的影片片段。

## ❏ 為什麼要控制時間與節奏

| 控制項目 | 功能說明 |
| --- | --- |
| 畫面時長 | 對應平台限制與敘事節奏，如短影音通常為 10～30 秒 |
| 動作連續性 | 增加自然感與流暢度，適合日常情節與一鏡到底段落 |
| 節奏強度 | 對應內容調性與觀眾情緒，可選快速切換或緩慢鋪陳 |
| 轉場設計 | 提供視覺變化與段落劃分，可透過淡入淡出、光線變化或主角動作實現 |

## ❏ 常用時間與節奏提示詞詞彙

| 功能 | 語句提示範例 |
| --- | --- |
| 控制時長 | 一段長度為 10 秒的畫面／請生成一段 30 秒影片片段 |
| 動作連續 | 角色動作一鏡到底／不切鏡頭／連續完成一個場景 |
| 節奏控制 | 節奏快速切換／節奏平穩／節奏漸強／慢速鋪陳 |
| 畫面轉場 | 淡入／淡出／快速剪接／由 A 場景切換至 B 場景 |
| 分段描述 | 前段慢、中段轉快、尾段淡出／影片分為三個畫面組成 |

## ❏ 應用實例

**實例 1**：穩定節奏的連續動作片段（約 15 秒）。「一段長度為 15 秒的畫面，主角從教室走出門，穿越走廊並走向樓梯口，動作連續不切換，鏡頭穩定跟拍，畫面節奏自然平穩，背景為校園室內空間。」

- 應用場景：教育品牌形象影片、青春主題短片、生活紀錄片段。

**實例 2**：快節奏多畫面轉場設計（約 10 秒）。「10 秒畫面快速切換三個場景：咖啡廳 → 街頭 → 天台，主角動作為拿起咖啡、跑步、回頭看天際，節奏明快，畫面間以淡出轉場連接，適合 Reels 快閃片段。」

- 應用場景：社群短影音、品牌廣告挑戰、時尚快閃片段。

**實例 3**：段落節奏遞進與結尾淡出（約 20 秒）。「一段 20 秒的畫面，前段為角色站在陽台看風景，節奏緩慢，光線柔和；中段轉為角色轉身走回室內，鏡頭隨角色移動；結尾畫面淡出並轉為黑幕，搭配配樂收尾。」

- 應用場景：劇情轉折、影片收尾、情感鋪陳片段。

## ❏ 提示詞句型模板

一段【秒數】的影片片段，畫面包含【連續動作或多段情節】，節奏為【快速／穩定／緩慢鋪陳】，畫面中包含【轉場方式或段落起伏】，適合用於【應用場景】。

**實例 4**：「一段 20 秒的影片片段，主角從車站走出、穿越街道並走進書店，動作連續無剪接，節奏平穩自然，畫面由早晨光線漸轉為室內柔光，適合旅遊 vlog 或城市生活紀錄影片使用。」

## ❏ 總結

在影片提示詞設計中，時間與節奏不僅決定觀看節奏，更關係到敘事張力與平台適配性。只要在提示詞中清楚描述段落長度、動作連續性與畫面轉場方式，就能創造更具結構與視覺張力的 AI 生成影片，從而提升內容表達的節奏感與完整度。

# 11-2 影片腳本格式與提示詞撰寫技巧

在 AI 影片生成工具中，尤其是 Sora 與 Runway，目前仍以「單段影片片段」為主要輸出單位，不具備跨段落追蹤角色或延續場景的能力。因此，與其將一段影片拆成多個片段再組合，創作者更應掌握「腳本式提示詞撰寫技巧」，在單段提示中表達完整的場景邏輯、動作順序與畫面節奏。本節將介紹實用的腳本格式、語法結構與視覺敘事技巧，讓你善用單段提示詞產出具敘事感的高品質影片段落。

## 11-2-1 短篇腳本格式 - 場景敘述／角色動作／鏡頭安排

目前主流影片生成工具如 Sora 與 Runway，雖能生成豐富的畫面與動作，但尚未支援角色對白與語音。因此腳本提示詞應聚焦於「場景敘述」、「角色動作」與「鏡頭安排」，打造具畫面節奏與視覺邏輯的段落提示。

❏ 為什麼需要使用短篇腳本格式

| 功能 | 說明 |
| --- | --- |
| 結構清楚 | 幫助 AI 按照「畫面順序」生成段落，減少混亂與跳接 |
| 對齊畫面剪輯節奏 | 可將腳本分段為開場、中段、轉折與結尾，便於後期剪輯 |
| 符合平台實作限制 | Sora / Runway 支援 5 ～ 20 秒短段落為佳，分段設計更靈活 |
| 鏡頭語言明確 | 將動作搭配構圖與攝影語言輸出，畫面層次更豐富 |

❏ 短篇腳本三大組成結構

① 場景敘述（Scene Description）

設定空間背景、時間與氛圍，讓 AI 清楚場景位置與視覺感受。

| 建議語句寫法 | 功能 |
| --- | --- |
| 清晨的森林，霧氣瀰漫，陽光從枝葉間穿透 | 建立自然空間與光線質感 |
| 傍晚的都市街道，地面濕潤，霓虹燈反射在水面 | 塑造現代感與夜景動態 |
| 虛構的數位世界，天空是由幾何線條組成的資訊流 | 描繪非寫實場景與風格 |

② 角色動作（Character Action）

透過動作推進情節，建立角色狀態與敘事節奏。可包含表情、動態、互動與姿勢。

| 建議語句寫法 | 功能 |
| --- | --- |
| 一位少年從畫面左側走進森林，停在樹下仰望天空 | 動作推進，建立節奏與情緒 |
| 女孩在河邊撿起一塊石頭，輕輕丟入水中，表情若有所思 | 結合行為與情感呈現 |
| 老人坐在長椅上，靜靜看著落葉飄落，雙手交握放在膝上 | 呈現角色狀態與細節情境 |

③ 鏡頭安排（Camera Composition）

透過視角、構圖與運鏡，控制觀眾觀看方式與畫面重點。

| 鏡頭語句範例 | 功能描述 |
| --- | --- |
| 鏡頭從側面跟拍，緩慢推進至中景 | 創造帶入感，建立沉浸式觀看體驗 |
| 使用仰視視角拍攝角色站在橋上，畫面偏右構圖 | 強化角色氣勢與視覺張力 |
| 鏡頭從角色後方緩慢拉遠，畫面轉暗至黑 | 適合作為結尾、過場或象徵性片尾處理 |

❏ 應用實例

**實例 1**：城市獨行。

【場景】夜晚，城市街道燈光閃爍，街道濕潤，偶有車經過。

【動作】一位青年緩慢走在人行道上，撐著傘，臉上略顯疲憊。

【鏡頭】鏡頭從遠處跟拍，構圖偏左，節奏平穩，背景模糊處理。

**實例 2**：教育情境片段。

【場景】早晨的教室，窗外透入陽光，牆上貼滿學生海報。

【動作】一位老師走向黑板，手拿粉筆，轉身面向學生準備上課。

【鏡頭】使用側面穩定鏡頭，緩慢推進，聚焦老師手部與黑板內容。

**實例 3**：幻想旅程開場。

【場景】漂浮的數位島嶼，天空為深紫色星海，空氣中飄浮光點。

【動作】主角穿著斗篷站在懸崖邊，望向遠方光門，微風吹動衣角。

【鏡頭】鏡頭由背後緩緩拉近，使用仰視視角，構圖置中，情緒夢幻神秘。

❑ 提示詞句型模板

【場景】…

【動作】…

【鏡頭】…

**實例 4**：未來科技場景開場片段。

【場景】：虛構的智慧城市天台，夜空中漂浮著藍色全息投影，周圍是透明玻璃建築與科技界面。

【動作】：主角身穿未來風制服站在天台中央，手勢揮動操控空中介面，顯示資料與數據動畫。

【鏡頭】：鏡頭由斜後方仰視主角，逐漸拉近至中景，背景粒子特效動態呈現，整體畫面冷色調、節奏穩定科技感強。

❑ 總結

在影片提示詞中，使用短篇腳本格式能提升邏輯清晰度與敘事流暢度。當你將場景敘述、角色動作與鏡頭語言有機結合，就能精準引導 AI 生成節奏合理、視覺協調且具有情感張力的影片段落。這種格式不僅符合生成邏輯，也便於後製剪輯與語音配音。

## 11-2-2 單段影片提示詞的結構強化技巧 - 聚焦一致性與敘事完整性

　　AI 影片工具如 Sora 目前尚不具備跨段記憶與畫面延續能力，因此建議創作者以「單段提示詞」為單位來設計畫面，並在提示語內部強化角色設定、動作邏輯與場景氛圍的整體一致性，確保影片畫面自然連貫、敘事完整。

❑ **為什麼要強化單段提示詞的一致性**

| 問題情境 | 若未控制一致性，可能出現的問題 |
|---|---|
| AI 每段提示分開處理 | 相同角色可能在不同段落變換外觀／服裝／構圖 |
| 缺乏動作承轉合 | 開場與結尾無連貫動作，畫面顯得跳接突兀 |
| 缺乏敘事起伏 | 角色「站著 → 轉身 → 走遠」如果未明示，畫面可能只生成靜止動作片段 |
| 同一場景未明確標記 | 背景、光線或視角可能每段不一致，導致視覺風格變化不連貫 |

❑ **三大強化要點**

① 角色設定一致（外觀、服裝、姿勢）

　　讓角色在單段影片中「不變臉、不變裝、不斷線」。

| 提示詞語句建議 | 功能 |
|---|---|
| 一位穿著灰色連帽外套、背著黑色後背包的少年 | 穩定建立角色形象 |
| 她一直低著頭走路，長髮被風輕吹 | 保持動作與形象一致性 |
| 男主角從頭到尾都戴著耳機 | 避免出現突然「耳機不見」的畫面跳接 |

② 場景與光線連貫（時間、空間、天氣）

　　避免出現「前一秒是白天，下一秒變夜晚」的視覺斷裂。

| 提示詞語句建議 | 功能 |
|---|---|
| 整段場景設定在黃昏時分，背景為橘紅色夕陽照亮的城市街道 | 控制色調與時間一致性 |
| 背景始終為濕潤街道與霓虹燈反光，街道左側有玻璃書店 | 場景地點要素穩定、可回收或延伸 |
| 光線由右後方斜照，主角身上帶有陰影 | 維持畫面光影方向與立體感 |

③ 動作與鏡頭語言有起承轉合

讓畫面「流動」起來,而非只是拼貼靜態場面。

| 提示詞語句建議 | 功能 |
| --- | --- |
| 女主角從左側走入畫面,走到中央後停下,轉身望向右方 | 建立時間順序與視線方向,鏡頭可流暢推動 |
| 鏡頭由遠拉近,最後切至特寫主角眼神,畫面淡出至黑 | 敘事有收束感,可用於結尾或段落結束 |
| 開場鏡頭為鳥瞰森林,慢慢往樹下主角拉近,營造發現感 | 強化故事開場節奏與視覺引導 |

❏ 應用實例

**實例 1**:城市情感片段(約 15 秒)。「一位穿著灰色連帽外套的年輕男子站在傍晚的城市街角,背景為濕潤街道與閃爍霓虹燈。他緩緩轉身走入街道中央,步伐穩定,偶爾回頭看向鏡頭。鏡頭由側面緩慢跟拍,畫面氛圍寧靜且略帶感傷。」

- 說明:角色設定、場景與光線、動作節奏與鏡頭語言一致,單段即可成篇。

**實例 2**：旅遊影片開場（約 10 秒）。「一位女孩戴著草帽與背包站在山頂遠望，背景為早晨山脈與白雲漂浮的天空。她舉手遮陽微笑，鏡頭從背後緩慢推近至側面，畫面色調為淡藍與金色，展現清新早晨感。」

- 說明：角色外觀固定、場景穩定，動作自然過渡，鏡頭具視覺吸引力。

**實例 3**：品牌影片段落（約 20 秒）。「男主角穿著黑色西裝，坐在現代感十足的玻璃會議室中，背景為城市天際線。他站起、轉身走出畫面，鏡頭由特寫臉部拉遠至廣角全景。畫面光線自右側灑入，構圖始終偏右。」

- 說明：應用於品牌形象片，角色一致、動作完整、鏡頭語言清楚，單段即可用作影片橋段。

❏ 提示詞句型模板

一位【角色描述】出現在【場景與時間】，他／她【進行的動作】，鏡頭【如何運動與構圖】，畫面呈現【光線與情緒風格】。

**實例 4**：「一位穿灰色西裝的中年男子走進辦公室，光線從窗邊斜照進來。他停下腳步看向螢幕，鏡頭由後方平穩跟拍，畫面色調沉穩冷靜，營造出科技與專業氛圍。」

❏ 總結

強化「單段影片提示詞」的關鍵在於，「角色不變、場景穩定、動作有順序、鏡頭有邏輯、情緒有張力」。在目前 AI 無法處理多段記憶的情況下，設計一段語意完整、視覺連貫的提示詞，是製作高品質影片的最穩定方法。

# 第五篇

## 進階提示工程師的策略與未來趨勢

第 12 章：提示詞調整與多輪優化技巧

第 13 章：提示語設計的倫理與風險意識

第 14 章：未來職能 - Prompt Engineer 的崛起

# 第 12 章
# 提示詞調整與多輪優化技巧

12-1　如何迭代與微調 Prompt

12-2　避免模糊輸出與過度解釋的技巧

12-3　多輪對話中的上下文管理

第 12 章　提示詞調整與多輪優化技巧

## 12-1 如何迭代與微調 Prompt

無論是寫作、圖像還是影片提示詞，初次輸入的 Prompt 往往無法一次達到預期效果。AI 是以機率與語料推測為基礎的模型，因此「提問 → 回應 → 修正」是一種必要且正常的互動流程。本節將帶你學會如何從初始輸出中觀察 AI 的理解方式，並透過詞序調整、語句重組與任務分拆等技巧，逐步改善提示詞的表達力與控制力，實現真正的「提示詞調整思維」。

### 12-1-1 為什麼 Prompt 需要迭代與微調

即使提示語語法正確，AI 的回應仍可能與預期不符。這是因為生成式模型是根據機率進行推理，而非理解人類語意的邏輯機器。本節將說明為什麼提示詞必須反覆微調，才能達到理想輸出效果。

| 原因 | 說明 |
| --- | --- |
| AI 是統計模型而非精確邏輯機器 | 相同語意的句子可能因詞序不同而導致輸出差異 |
| 一次輸入難以涵蓋所有細節 | 初稿提示常有漏訊息、語意不清或範圍太廣，須經修正才能收斂至想要的結果 |
| 不同工具對語言敏感度不同 | ChatGPT 與圖像 AI（如 DALL·E、Sora）對語句的容忍度、解析邏輯不完全一致 |

### 12-1-2 微調 Prompt 的三個階段

成功的提示詞往往不是一次寫對，而是透過反覆實驗與微調完成的。理解調整過程中的三個關鍵階段，有助於你有系統地修正語意偏差，逐步引導 AI 輸出更準確的結果。

#### 1. 觀察輸出 → 判斷偏差類型

當你得到一個不滿意的輸出時，先不要急著修改，而是觀察哪裡偏離你的預期，常見偏差有：

| 偏差類型 | 說明與範例 |
| --- | --- |
| 語意過寬 | 「請寫一篇關於 AI 的文章」→ 輸出內容太廣、太籠統 |
| 權重偏誤 | 「請寫溫柔又幽默的詩」→ 結果只有幽默，沒有溫柔 |
| 結構混亂 | 「請列出重點並解釋」→ AI 只列重點，沒解釋 |
| 過度合理化／偷換任務 | 「請生成荒誕風格的故事」→ AI 自動合理化，寫得太邏輯、太正常 |

## 2. 句型調整 → 提示詞重構語意焦點

當偏差被判斷出來後，試著從語言層面「微調而非重寫」：

| 調整策略 | 示意前後句 |
| --- | --- |
| 加明確限制 | • 請寫一篇故事 →<br>• 請寫一篇 300 字以內的第一人稱短篇故事 |
| 指定語序／語氣 | • 請翻譯以下句子 →<br>• 請以口語輕鬆的語氣翻譯以下句子 |
| 分拆任務 | • 請列出原因並說明 →<br>• 先列出 3 點原因，再逐一說明理由 |

## 3. 反覆實驗 → 選出最有效版本

進行提示詞迭代時，一次只改一個變數最有效：

- 第一次調整格式語氣
- 第二次調整輸出結構
- 第三次強化情緒控制詞

若結果符合預期，記錄下「有效語句」，可做為未來提示詞模版使用。

## 12-1-3　實務例子 - 逐步調整一組提示詞

實例：產出一首療癒風格、30 秒內、包含副歌段落的英文歌曲

❏　初稿提示詞（太模糊）

請寫一首療癒風格的英文歌，副歌動聽。

結果偏差：

- 旋律無起伏
- 副歌不明顯
- 歌詞長度太長

❏　第二版（加入限制與結構）：

請創作一首療癒風格的英文歌曲，長度為 30 秒內，副歌從第 10 秒開始，旋律溫柔，歌詞語氣輕柔正向

結果改善：

- 歌曲結構明確
- 節奏與語氣符合需求

❏ **第三版（加入主題與情境）：**

請創作一首 30 秒內的英文歌曲，主題是「在壓力中找回平靜」，副歌從第 10 秒開始，風格療癒，旋律輕柔，適合晚間冥想聆聽

結果最佳化：

- 歌詞有明確意象
- 音樂風格準確對齊使用情境

## 12-1-4　提示詞微調流程建議（五步法）

① 初步輸入：用最簡單語句測試模型理解方向
② 觀察結果：記下偏差點（如語氣錯誤、格式錯誤）
③ 單項調整：只修改一個提示詞元素（如格式、風格、順序）
④ 版本比較：並列比較輸出，選出最符合預期的提示詞版本
⑤ 建立模版：將有效語句整理為可重複使用的提示語句庫

## 12-1-5　常見失敗提示詞 × 修正語句對照表

| 類型 | 常見失敗提示詞 | 問題說明 | 修正後提示詞 |
|---|---|---|---|
| 太籠統 | 請寫一篇關於 AI 的文章 | 範圍太大，無明確方向 | 請寫一篇 300 字內的短文，主題為 AI 在教育的應用 |
| 描述模糊 | 請畫一幅很漂亮的風景圖 | 「漂亮」定義不明 | 請畫一幅傍晚時分的湖邊風景，色調溫暖，構圖以湖面反光為主 |
| 情緒指令不清 | 請寫一首感人的詩 | 沒說明感人在哪裡 | 請寫一首描寫離別情景的詩，用平靜語氣傳遞淡淡的哀愁與感謝 |
| 任務混雜 | 請列出 AI 的優缺點並畫一張相關插圖 | 同時要求太多 | ① 請列出 AI 的三項優缺點；② 根據上述內容畫一張插畫風格圖像 |
| 抽象過度 | 幫我生成一個有深度的影片畫面 | AI 無法理解「有深度」 | 請生成一段畫面：一位老人坐在夕陽下的長椅上，背景為落葉飄落的街道，畫面氛圍溫暖且感傷 |

## 12-1-6　總結

提示詞並非一次寫成，而是透過試誤、調整與細節優化不斷進化的語言設計過程。從理解偏差、重構語句到建立高品質提示模版，這不只是技術，更是一種語言與邏輯的磨練。練好這項能力，你才能真正駕馭生成式 AI。

# 12-2　避免模糊輸出與過度解釋的技巧

在提示詞設計中，最常見的問題之一是語意模糊或過度解釋。當提示詞用語過於籠統、抽象，或試圖一口氣講太多資訊時，AI 模型容易出現理解偏差、輸出混亂或乾脆生成一段通用敘述。本節將說明如何辨識提示詞中常見的模糊或過長段落，並透過簡化結構、具體化語意與避免任務混雜的技巧，提升輸出的清晰度、針對性與實用度。

## 12-2-1　為什麼提示詞常出現模糊或冗贅

在使用生成式 AI 時，即使語法正確，若提示詞表達不清或內容過多，仍可能導致模型誤解指令、忽略重點或產出不連貫的回應。本節將解析提示詞常見模糊與冗贅的成因，協助你釐清語句焦點。

| 類型 | 說明 |
| --- | --- |
| 抽象用語過多 | 如「寫一首感人的詩」、「畫一幅有深度的畫」，AI 難以解讀主觀形容詞意圖 |
| 指令太長、任務混合 | 如「列出五點優缺點並寫成一篇摘要」，模型可能忽略後半段或混合任務順序 |
| 語氣不明確 | 如「請用生動語言寫一段文案」，但「生動」可能對 AI 意義不明確 |
| 過度合理化／自我說明 | 如「請幫我畫一幅畫，是為了品牌形象，所以請加品牌色」，AI 可能僅抓住「品牌」兩字並生成不相關內容 |

## 12-2-2　三種常見錯誤類型與修正方法

在撰寫提示詞時，許多問題其實來自結構不清、語意不具體或任務堆疊等常見錯誤。掌握這些類型並學會對應的修正技巧，有助於你迅速優化提示詞，提高生成內容的精確度與品質。

第 12 章　提示詞調整與多輪優化技巧

## 1. 避免使用抽象詞 → 改為可具象描繪的語意

| 抽象語句 | 問題說明 |
| --- | --- |
| 請畫一幅很有感覺的畫 | 「感覺」無具體指標 |
| 寫一篇充滿深度的故事 | AI 不知道「深度」指的是什麼 |

## 2. 避免任務堆疊 → 拆解成連續指令或多輪操作

| 原句 | 問題說明 | 拆解後版本 |
| --- | --- | --- |
| 請列出三個觀點並寫成 300 字的報告 | 結構複雜，模型可能只做一半 | 1　請先列出三個主要觀點<br>2　根據這三點寫成 300 字的報告 |
| 請幫我做圖片、文字說明與對應標題 | 多任務混合，容易忽略一項或內容錯位 | 1　請先描述這張圖片的主題<br>2　再寫一段 50 字的圖說文字 |

## 3. 減少解釋過多 → 聚焦任務本身

| 原句（帶說明） | 問題說明 | 精簡後語句 |
| --- | --- | --- |
| 請幫我寫一封推薦信，是要給一位畢業生的，他申請的是行銷職位，所以請你強調他的溝通能力 | 解釋過多、容易干擾任務焦點 | 請寫一封推薦信，對象為應徵行銷職位的畢業生，重點在於強調其溝通能力 |
| 幫我產生一張圖，這張圖要能代表我們公司的核心價值，例如創新與包容 | 太多內部語言，AI 無法轉譯 | 請產生一張以「創新與包容」為主題的圖像，風格現代、配色以藍與橘為主 |

## 12-2-3　提示詞優化實例（前後對照）

**實例 1**：原句（模糊）：「幫我寫一段有感覺的開場文案，可以打動人心。」

修正後：

「請寫一段 50 字內的品牌開場文案，以溫柔語氣訴說「選擇的勇氣」，適合用於影片開場，文字具詩意與情感感染力。」

**實例 2**：原句（說明過長）：「幫我畫一張圖，這張圖的目的是要讓人看到就知道我們是做 AI 的公司，還有強調我們人性化的設計風格。」

修正後：

「請畫一張以「AI 與人性共融」為主題的插畫風圖像，畫面中心為手握科技光球

的人形角色,色調為柔和藍白。」

## 12-2-4 提示詞簡化與聚焦的公式參考

當你想快速優化提示詞,不必完全重寫,只需掌握幾個實用的簡化與聚焦句型。這些公式能幫助你明確限定輸出範圍、語氣與主題,使生成結果更貼近需求、更容易控制。

| 原則 | 建議寫法範本 |
| --- | --- |
| 限制長度 | 請用不超過 100 字／50 秒／3 張圖來完成任務 |
| 指定語氣 | 語氣為溫暖／專業／鼓舞人心／輕鬆幽默 |
| 聚焦主題 | 主題為「數位轉型中的人性設計」或「重新開始的勇氣」 |
| 排除範圍 | 請不要加入人物,僅以圖像傳達科技感與未來感 |

## 12-2-5 總結

避免模糊與過度說明,是提示詞寫作中最常見也最關鍵的調整環節。透過簡化結構、聚焦目標與移除多餘解釋,我們可以讓 AI 更精準理解需求、減少誤判或偏差輸出,進而提升產出效率與內容品質。

# 12-3 多輪對話中的上下文管理

在實務應用中,提示詞往往不只是一句單向指令,而是與 AI 的一段連續對話。尤其在寫作、專案規劃、資訊提問等場景中,我們需要讓 AI 記住前文邏輯、延續主題脈絡,甚至根據前一輪回應調整輸出內容。這就需要「上下文管理」的能力。本節將說明多輪對話中常見的遺失、混亂問題,以及如何設計提示詞、重申主題、引導回溯等技巧,幫助你與 AI 建立更穩定、清晰、有邏輯的互動。

## 12-3-1 為什麼上下文會斷裂

在與 AI 進行多輪對話時,即使每一句指令語法正確,模型仍可能「忘記前文」或偏離主題。這通常是因為上下文鏈接不穩或提示詞切換不清,本節將解析造成上下文斷裂的常見原因。

| 情境問題 | 說明 |
|---|---|
| 回應錯誤主題 | AI 回答了其他問題或跳出主軸 |
| 忽略先前限制條件 | 如前面說「請限 100 字」，結果下一輪 AI 輸出仍超過 |
| 記憶前文不完整 | 模型無法保留過多上下文訊息，或用戶改變方向卻未重新說明 |
| 指令轉換語意失焦 | 多輪對話中，使用者語氣變模糊，AI 無法判定新指令是否取代原本的要求 |

## 12-3-2　三種常見上下文問題與處理技巧

### 1. 主題偏移 → 重申核心任務

| 問題例句 | 處理建議語句 |
|---|---|
| 上一輪請他寫一首詩，這一輪直接說「再幫我寫一段」 | 請再寫一段詩，主題與語氣與上一段相同 |
| 想延續圖像風格但語句中未提及風格 | 請再產生一張插畫風格的圖片，風格與上一張保持一致 |

技巧：明確說出「延續」的對象（上一段、前一張、剛才提到的那位角色…）

### 2. 條件遺失 → 重申限制規則

| 問題例句 | 處理建議語句 |
|---|---|
| 前一輪請限制在 100 字內，這輪說「請再寫一段」 | 請再寫一段（仍限 100 字內） |
| 上一輪規定格式為條列式，但 AI 輸出改為段落形式 | 請以與上一段相同的條列式格式繼續完成內容 |

技巧：在每一輪都補充必要的格式與限制，幫助 AI 認定它仍有效。

### 3. 對話轉向 → 明確標示新任務

| 問題例句 | 處理建議語句 |
|---|---|
| 前面都在寫介紹文，突然說「幫我畫個封面」 | 現在開始新的任務：請根據上面的主題，畫一張書籍封面插圖 |
| 原本在寫產品文案，突然說「做個表格」 | 接下來請根據剛剛的文案內容，整理成三欄的對應表格格式 |

技巧：加上類似「接下來請幫我做……」或「換個方向……」的過渡句，讓 AI 切換語境。

## 12-3-3　提示詞優化實例（前後對照）

**實例 1**：原句：「幫我接著上一段。」

問題：AI 不確定你要接哪段、保持什麼風格、格式是否變更

修正後：

「請接續上一段，以相同語氣與段落風格撰寫下一段內容，內容延續主題「城市與孤獨」，長度仍限 80 字內。」

成果：AI 保持格式、主題與語氣一致，產出穩定。

## 12-3-4　通用提示語句模板

| 使用目的 | 建議語句範例 |
| --- | --- |
| 延續主題 | 請以與上一段相同的主題與語氣，繼續撰寫下一段 |
| 保留格式 | 請以與前一段相同的條列格式／Q&A 格式／表格形式繼續 |
| 強調限制條件 | 請保持在 100 字內，不使用冗贅語句 |
| 切換語境／新任務開始 | 接下來請根據剛剛的內容，畫一張插圖／寫一篇摘要／改寫成新聞風格 |

## 12-3-5　總結

　　良好的上下文管理不是靠 AI 自動記得，而是靠使用者在每一輪對話中主動重申主題、限制與語境。當你學會引導模型延續或轉換語境，就能在多輪對話中建立清晰連貫、語意穩定的生成邏輯，讓 AI 成為真正的思考夥伴，而非偶然發揮的猜測機器。

第 12 章　提示詞調整與多輪優化技巧

# 第 13 章
# 提示語設計的倫理與風險意識

13-1　AI 偏誤與輸出誤導的警示

13-2　如何要求引用來源與資料透明度

13-3　與 AI 協作的責任界線

第 13 章　提示語設計的倫理與風險意識

生成式 AI 的強大在於它能根據提示語產出語言、圖像、影音等豐富內容，但這也意味著-我們給 AI 的每一句話，都具有引導它建構世界觀的力量。若提示設計不當，可能導致偏見延續、資訊誤導，甚至內容操控。本章將聚焦於使用者在撰寫提示詞時所應承擔的倫理意識與風險管理責任，從偏誤防範、資料透明到與 AI 協作的界線，建立安全、可信與負責任的提示語設計思維。

## 13-1　AI 偏誤與輸出誤導的警示

生成式 AI 的回答雖然流暢可信，但它不總是正確、中立或完整。模型可能因訓練資料的限制而帶入偏見，或在不確定時自動補完錯誤資訊。本節將說明 AI 偏誤的類型與產生原因，並提醒使用者如何在設計提示詞時主動防範誤導風險。

### 13-1-1　為什麼要注意 AI 偏誤與誤導

當我們與 AI 協作時，往往信任它的語言流暢與資料完整，但忽略了它背後的數據偏見與推論侷限。理解 AI 為何會產生偏誤與誤導，是負責任使用提示詞的第一步。

| 風險類型 | 說明與影響 |
| --- | --- |
| 輸出偏見 | 模型可能強化性別、種族、文化刻板印象，導致歧視或不公平表述 |
| 過度自信錯誤（Hallucination） | 模型會「編造事實」填補語意空缺，生成虛構數據、引用或事件 |
| 語境誤解 | 在對話中曲解問題意圖或忽略否定詞，導致回答與原指令方向相反 |
| 過度合理化 | 當遇到模稜兩可的要求時，模型可能「想像答案」而非承認不知道，導致誤導或混淆資訊 |

### 13-1-2　常見偏誤與誤導情境的實例

**實例 1**：性別偏見。

- 有問題的提示詞：「請描述一位 CEO 的日常生活。」
- 提示詞問題原因：模型預設 CEO 為男性，使用「他」或「男士」為主體描述。
- 修正提示詞：「請描述一位女性 CEO 的日常生活，或請用中性語氣描述不特定性別的 CEO。」

**實例 2**：編造資訊（虛構引用）。

- 有問題的提示詞：「請列出三篇關於 AI 教育應用的論文引用。」
- 提示詞問題原因：模型可能產出看似合理卻實際不存在的論文標題與作者（虛構 hallucination）。
- 修正提示詞：「請提供 AI 教育應用的相關主題摘要，不需捏造具體來源；如引用資料，請聲明資料來源是否為真實且可查驗。」

**實例 3**：過度補完語意。所謂「過度補完語意」是生成式 AI 為了維持語句完整性所做出的「合理化想像」，它的結果看似流暢、可信，卻可能與事實不符。

- 有問題的提示詞：「過度補完語意。」
- 提示詞問題原因：模型可能編造具體情節，並用確定語氣描述「預測事件」，誤導讀者誤信為真。
- 修正提示詞：「請從目前資料出發，推測台灣在未來五年可能發展的趨勢，但避免具體年份與未經證實的結論，語氣請保持推測性與開放性。」

## 13-1-3 提示詞撰寫中可用的「防偏誤語句」

為了降低 AI 輸出偏見、誤導或虛構內容的風險，使用者可在提示詞中加入明確的語言限制與指導語氣。這些防偏誤語句有助於引導模型維持中立、避免假設、並提升資訊透明度。

| 功能 | 可加入語句提示 |
| --- | --- |
| 防止自動虛構 | 「請勿編造資料來源」／「若無資訊可查，請明確表示『無資料』」 |
| 避免預設偏見 | 「請使用中性用語」／「請避免基於刻板印象進行描述」 |
| 指定觀點立場 | 「請從多角度探討此議題」／「請以中立語氣闡述，不加入立場評論」 |
| 保留不確定性 | 「若結果不明確，請以『可能』、『推測』等方式描述」 |

## 13-1-4 用戶提示詞責任提醒

生成式 AI 的回應品質，與使用者輸入的提示詞息息相關。作為提示詞設計者，用戶不僅引導內容走向，也間接承擔資訊正確性與倫理性的責任。本節提醒你在使用 AI 時應具備的基本責任意識。

- AI 是在你輸入的語言中學習偏好與語氣的。
- 模型會「順著語氣推論」，你越明確要求中立、理性，輸出偏差越低。
- 設計提示詞不只是語言技巧，更是資訊設計倫理的一環。

## 13-1-5 總結

生成式 AI 的智慧來自於人類語料，正因如此，它也會學到人類的偏誤與誤判。當我們設計提示詞時，不只是引導內容輸出，更是影響資訊品質的起點。建立偏誤意識與誤導防範策略，將讓你成為一位真正成熟、可信任的提示設計者。

# 13-2 如何要求引用來源與資料透明度

AI 生成的回答看似具邏輯與權威感，卻常常未附上清楚的資料來源，有時甚至「捏造」看似合理的引文。對於學術、寫作或資訊應用場景，這可能導致誤導與失信問題。本節將說明如何透過提示詞，明確要求 AI 附上資料來源、提高內容透明度，並建立使用者基本的來源辨識與引導能力。

## 13-2-1 為什麼資料來源與透明度很重要

生成式 AI 的輸出若未標示資料來源，使用者就無法判斷其真實性與可信度。尤其在學術、報導與專業應用中，缺乏透明來源不僅削弱內容價值，還可能導致誤導與責任歸屬問題。

| 風險情境 | 對應影響 |
| --- | --- |
| 回答內容無來源 | 讀者無法查證正確性，可能使用錯誤資訊 |
| 虛構引文或書目（Hallucination） | AI 編造看似真實的學者、出版品，會誤導學術或研究型使用者 |
| 錯誤引用或過時資料 | 不明確年代與出處，可能導致決策失準、專業信任受損 |
| AI 不主動說明資料來源可靠性 | 使用者誤以為每段敘述都有明確根據，而非語料中學習的「模式模擬」 |

13-4

## 13-2-2　如何設計提示詞來要求「來源」與「資料透明」

① 要求標示出處的語句

| 提示語句範例 | 功能說明 |
| --- | --- |
| 請列出下列資訊的出處或引用資料，若無，請說明為模型生成內容 | 防止 AI 自動編造引文 |
| 請為你剛剛的答案提供可查證的網站或來源連結 | 用於查詢型對話（Perplexity / Bing 最適用） |
| 若無可引用資料，請加註「此為 AI 模型推測非實際資料」 | 區分推理輸出與資料型輸出 |

② 指定格式與語氣要求資訊可信度

| 提示語句範例 | 功能說明 |
| --- | --- |
| 請將下列知識以條列式列出，並為每一點提供來源網址 | 適合做內容摘要＋逐點引用 |
| 請用來源清楚可查的格式（如：作者＋年份＋書名／網址）表達資料出處 | 加強引用格式明確度與專業性 |
| 若答案有不同觀點，請標示為「觀點一」、「觀點二」，並附對應資料來源 | 用於處理爭議性議題，避免 AI 片面化陳述 |

③ 在內容用途中註明資料風險限制

| 提示語句範例 | 功能說明 |
| --- | --- |
| 此資訊將用於研究寫作，請勿使用虛構資料 | 對 AI 提出明確責任標示，強化嚴謹度 |
| 本內容需符合學術標準，請說明每一項敘述的出處、年份與出處是否可靠 | 適用於引用型回答，強化 AI 對「可證實性」的理解 |
| 請加入備註，說明這些資料是否能在 Google Scholar／PubMed 查到 | 幫助辨識引用類型是否屬於可學術查核之範圍 |

## 13-2-3　正反實例 - 來源透明與虛構對比

**實例 1**：常見錯誤輸出（虛構來源）。

- 有問題的提示詞：「根據《AI 與教育：2021 發展報告》（John Smith, MIT Press），AI 已被應用於 85% 的中學教學場景。」

- 提示詞問題原因：這本書與作者實際上可能不存在，但語氣讓人誤以為真實。
- 修正提示詞：「請列出 3 篇真實可查的學術文章，主題為「AI 在教育中的應用」。請附上作者、年份與期刊名稱，若找不到真實資料請註明為 AI 模型推估內容。」
- 結果：AI 輸出資訊中區分真實引用與模型生成，更安全且負責任。

### 13-2-4 用戶的資料判斷責任提醒

即使 AI 提供了來源格式，使用者仍應確認其真實性與有效性。特別是學術用途、商業引用、政策建議等情境，請務必做到：

- 二次查證：透過 Google Scholar、Wikipedia、官方網站交叉確認
- 標示出處：在輸出中註記「資料由 AI 協助生成，已人工查證」或「部分來源可能為預測模擬」
- 不依賴 AI 作為唯一資訊來源，尤其是在無法自行查證的情況下

### 13-2-5 總結

AI 所生成的內容若缺乏明確資料出處，就可能在不經意間造成誤導。透過設計良好的提示詞，你可以引導模型標示來源、辨識不確定資訊，讓 AI 成為一位更透明、可信的知識助手。真正負責任的提示設計者，不只是追求輸出，而是對資訊的信任鏈條有所覺察與把關。

## 13-3 與 AI 協作的責任界線

生成式 AI 雖然是一項強大的創作工具，但它不是代替責任的藉口。當我們使用 AI 輔助產出文本、圖像、音樂或影片時，仍應對其內容的正確性、合適性與後續用途負起審慎義務。本節將探討人與 AI 協作過程中的責任界線、歸屬問題與倫理提醒，協助你成為一位具責任意識的 AI 使用者。

### 13-3-1 為什麼需要思考「人與 AI 的責任界線」

當 AI 協助產出內容越來越普及，使用者與 AI 之間的責任界線也變得模糊。理解哪些部分由人決定、哪些是 AI 生成，有助於我們更負責任地使用這項技術，避免錯誤資訊或倫理爭議的發生。

| 問題情境 | 說明 |
| --- | --- |
| 把錯誤歸咎於 AI | 使用者未審核內容即轉發或使用，導致錯誤資訊擴散 |
| 不標示 AI 參與創作 | 讓讀者誤以為內容純由人類產出，涉及創作誠信與透明度問題 |
| 用 AI 生成內容誤導他人 | 故意使用 AI 編造資訊、製作假證據或形象操作，有法律與倫理風險 |
| 模型無「道德判斷」能力 | AI 只產出看似合理的語言，它不會真正「理解對錯」或「為輸出後果負責」 |

## 13-3-2 三個「責任界線」重點觀念

### 1. AI 是工具，不是作者或判斷者

AI 是由人訓練的模型，雖能模擬寫作與語言，但不具備自主意志與價值判斷力。使用者始終是產出決策與後果的主體，應該為提示設計、輸出選擇與內容應用負責。下列建議語句（可標示於生成內容中）：

- 「本內容部分由 AI 協助產出，經人工審核與編輯」
- 「本文由作者與生成式 AI 協作完成，資料已由人類檢查」

### 2. 提示詞設計者是「資訊導向者」

AI 輸出什麼，常常取決於你輸入的提示。如果你輸入帶有誤導性語句或偏見，輸出內容也會反映這些傾向。提示詞不是無害的指令，而是內容的出發點與方向盤。下列是負責任的提示詞實例：

- 「請保持中立觀點，從多角度分析以下議題」
- 「請勿引用未經查證資料，如無資訊請直接說明『查無資料』」

### 3. AI 參與內容，應標示或透明揭露

在學術、出版、教學、商業使用中，未揭露 AI 參與來源可能構成資訊誤導或著作誠信問題。目前許多期刊、平台已要求標示 AI 工具參與程度。下列是建議標示方式：

| 應用情境 | 建議揭露語句 |
| --- | --- |
| 報告／簡報 | 本報告部分資料由 ChatGPT 協助整理，內容經人工審核 |
| 社群貼文 | 此貼文由 AI 輔助撰寫，語句已人工調整 |
| 出版作品 | 本章內容經由生成式 AI 協作初稿，再由作者進行結構改寫與內容驗證 |

## 13-3-3 責任分界整理表

在與 AI 協作創作的過程中，哪些內容由誰負責，必須釐清。以下整理出常見情境中使用者與 AI 的責任歸屬，幫助你在設計提示詞與使用生成內容時，更有意識地掌握風險與角色定位。

| 行為 | 責任歸屬說明 |
| --- | --- |
| 輸入提示詞的設計 | 使用者責任，包含語氣設定、方向控制與資料範圍要求 |
| 檢查內容的正確性 | 使用者責任，應人工判斷內容是否合理、真實、合用 |
| AI 模型輸出錯誤的回應 | AI 無法為錯誤負責，但使用者若未審核直接使用，應負間接內容責任 |
| 未標示 AI 協作來源 | 在需揭露情境下為使用者失誠信行為，應主動透明處理 |

## 13-3-4 總結

生成式 AI 是創作與溝通的強大工具，但不是逃避審查與推卸責任的手段。你與 AI 合作產生的每段文字、每張圖片，都反映著你的判斷與選擇。學會劃清責任界線，不僅是使用技巧，更是數位時代的創作倫理。

# 第 14 章
# 未來職能
# Prompt Engineer 的崛起

14-1　Prompt Engineer 的職責與產業需求

14-2　真實企業應用案例介紹

14-3　如何成為下一代 AI 溝通設計師

# 第 14 章　未來職能 - Prompt Engineer 的崛起

隨著生成式 AI 技術快速進入教育、設計、行銷、寫作與開發等各種場域,「提示詞」不再只是輸入,而是一種設計語言與溝通能力。於是,一個嶄新的職業角色正悄然成形「Prompt Engineer」。這不僅是一種技能,更是一種跨領域人才的新型職能。本章將帶你認識這個職位的角色定位、產業需求、真實應用案例與發展路徑,探索生成式 AI 時代的新職人崛起。

## 14-1　Prompt Engineer 的職責與產業需求

Prompt Engineer 是生成式 AI 時代中誕生的新興專業角色,負責設計、優化並系統化管理與 AI 模型溝通的提示詞。這不再只是寫一句話給 AI,而是結合語言、邏輯與產品思維的高階溝通設計工作。本節將說明這個角色的核心職能與實際產業需求趨勢。

### 14-1-1　什麼是 Prompt Engineer

Prompt Engineer（提示詞工程師）是指:「專門負責與生成式 AI 模型溝通,透過設計精準、可控、可重複使用的提示詞（Prompt）來驅動任務完成的人才。」

這個角色的本質結合了:

- 語言設計師（Language Designer）
- 任務流程分析師（Task Architect）
- AI 行為調校師（Model Interaction Strategist）

### 14-1-2　Prompt Engineer 的核心職責

| 領域 | 實務職責內容 |
| --- | --- |
| 提示詞設計 | 撰寫清楚、有邏輯、可重複使用的 Prompt,針對不同任務調整語氣、結構、格式 |
| 模型行為控制 | 測試不同提示詞對模型輸出的影響,優化輸出內容的準確性、一致性與可預測性 |
| 任務流程規劃 | 將一個複雜任務拆解為 AI 可理解的多步驟指令流（Prompt Chain）或提示任務模組（Prompt Module） |
| 多輪對話設計 | 管理 AI 對話的上下文與狀態,讓模型在長對話中保持主線一致並有效追問 |
| 效能測試與調校 | 針對同一任務建立多版本提示詞,進行 A/B 測試,收集輸出效果與使用者反饋 |

## 14-1-3 哪些產業在招募 Prompt Engineer

這個職位雖然新穎，但已在多個產業中快速成為「關鍵創意與效率中介角色」。

| 產業類型 | 應用範例與任務說明 |
|---|---|
| 科技／軟體 | 整合 AI 於產品中（如 Copilot、智慧客服、內建寫作助理） |
| 行銷／品牌 | 為廣告、腳本、社群貼文設計高產出率的提示詞模版 |
| 教育／出版 | 建構教學型 Prompt 套件，用於課堂互動、教材產出、學生引導式對話 |
| 顧問／策略 | 為企業內部流程自動化、AI 化提供提示詞設計與訓練工作坊 |
| 法務／金融 | 協助轉換條文、審查摘要、規則解釋為 AI 可理解並生成合規輸出的指令流 |

## 14-1-4 產業需求成長趨勢

自 2023 年以來，「Prompt Engineer」已逐漸成為正式職缺標題。註：依據 LinkedIn 數據，年薪範圍：「從 $80,000 美元起跳，高者可達 $250,000（視專案與產業而定）」。

相關職稱還包括：

- AI Content Designer
- Language Interaction Designer
- LLM Workflow Architect

## 14-1-5 成為 Prompt Engineer 需要具備哪些能力

| 能力類型 | 說明與應用場景 |
|---|---|
| 語言掌握力 | 具備清晰表達與精準拆解任務能力，能控制語氣、風格與輸出格式 |
| 邏輯設計力 | 能將複雜目標拆成模型可理解的提示步驟，思考「哪一步該問 AI？」 |
| 測試與分析力 | 具備 A/B 測試思維，能從輸出結果反推 Prompt 設計優劣 |
| 溝通協作力 | 能與內容專家、設計師、工程師合作，將 Prompt 實際整合入產品或服務流程中 |
| 工具運用力 | 熟悉各類模型平台（如 OpenAI、Anthropic、Midjourney、Suno 等）與 API 測試方式 |

## 14-1-6 總結

Prompt Engineer 不只是寫 Prompt 的人，更是生成式 AI 與真實任務之間的轉譯者與設計師。當 AI 成為主流工具，懂得如何有效對話與操控模型的人才，將在未來職場中扮演關鍵角色。本小節幫助你清楚認識這項職能的核心價值，為下一步學習與轉職做好準備。

## 14-2 真實企業應用案例介紹

Prompt Engineer 不再只是概念性的未來職稱,而是已在真實企業中發揮影響的實際角色。許多科技公司、顧問業、行銷單位與教育組織,都在運用提示詞工程師來優化內容產出與流程自動化。本節將分享幾個代表性應用案例,呈現這個職能在不同產業中的價值實踐。

### 14-2-1 企業案例

**案例 1**:科技產品內建 AI 助理(B2B SaaS 公司)。一家提供企業內部知識管理平台的 SaaS 新創公司,導入 GPT-4 API 作為「智慧問答助理」,使用者可輸入問題查詢內部流程、文件規範。

❏ **Prompt Engineer 工作內容**
- 為「查詢類」問題設計可解析內部 SOP 的提示詞模組。
- 建立「語氣統一、格式整齊」的回答格式(例如每則回答均含來源與摘要)。
- 測試並調校不同問法的理解準確率,減少模型誤答率超過 20% 的情況。

❏ **成果**

提示詞模組經優化後,系統回覆精準度提高,客服回報明顯下降,客戶續約率提升 12%。

**案例 2**:數位行銷顧問公司(行銷內容自動化)。一間全球行銷顧問公司導入 AI 工具生成廣告文案、社群貼文與 EDM 內容,需確保品牌語氣一致與轉換率優化。

❏ **Prompt Engineer 工作內容**
- 為每個品牌建立「語調模型」提示詞範本(如親切、專業、奢華、活潑)。
- 設計「商品特點 × 轉換目標」的內容產出流程(如:特價訊息、口號變化、A/B 測試)。
- 搭配 Midjourney 圖像提示詞產生廣告配圖,用於社群或展示頁。

## ❑ 成果

文案產出速度提升 5 倍，每週可生成 100+ 組行銷內容，並透過 Prompt 微調提升點擊率約 8%。

**案例 3：** 高等教育機構（課程設計與學習引導）。某大學教師使用 ChatGPT 作為學習輔助工具，協助學生進行邏輯寫作、資料摘要與概念教學。

## ❑ Prompt Engineer（由教師兼任）工作內容

- 為學生建立「Prompt 套件包」，如：摘要提示語、觀點整理、角色模擬練習。
- 教導學生如何用不同提示詞方式優化 AI 回應（例如：先問定義再要求推論）。
- 設計提示詞任務讓學生用 AI 做主題探索，強化自主學習。

## ❑ 成果

學生作業完成度提升、AI 回應準確率提高，教師工時減少約 20%，並獲選為校內數位教學創新方案。

## 14-2-2 總結

Prompt Engineer 的價值不只存在於技術研發部門，它已廣泛滲透到行銷、教育、知識管理、客戶服務等多元場域。透過精準的提示設計，這些案例展現了如何用 AI 提升內容產出品質、減少人力成本並強化品牌一致性。下一節將進一步說明，如何踏出成為一名 AI 溝通設計師的第一步。

# 14-3 如何成為下一代 AI 溝通設計師

Prompt Engineer 不只是技術角色，更是一種跨領域的「AI 溝通設計力」。這項能力結合語言理解、結構邏輯、任務拆解與倫理意識，是未來最具價值的智慧職能之一。本節將為你指引成為專業 AI 提示設計者的學習路徑與實踐方向。

## 14-3-1 什麼是 AI 溝通設計師

AI 溝通設計師（AI Communication Designer）是一個結合了以下角色能力的新型職能：

- 語言設計師：善於用精準語句驅動模型理解。
- 任務架構師：能夠拆解使用者需求為多步驟提示流程。
- 視覺／聲音引導者：能操作圖像、音樂、影片的生成語言。
- 策略對話師：熟悉多輪互動設計與模型行為引導。
- 數位倫理實踐者：理解偏誤、透明度與人機協作界線。

## 14-3-2 成為 AI 提示設計者的 5 個實戰步驟

**1. 打好語言設計與結構思維的基礎**

- 練習「具體、清楚、有目標」的語句設計
- 掌握基本 Prompt 結構（任務 + 格式 + 限制 + 語氣）
- 學會用不同問法試探模型輸出（如：改寫、反問、分步提問）
- 工具建議：ChatGPT、Claude、Gemini、Bard 等語言型 AI

**2. 熟悉不同任務的提示詞設計模式**

- 文案、摘要、問答、轉換格式（如條列式／報告格式）
- 圖像生成：Midjourney、DALL·E、Leonardo 的風格語法
- 音樂生成：Suno、Udio 的情境式語言輸入法
- 影片生成：Sora、Runway 的場景描述 鏡頭構圖語句
- 練習方向：為每一類任務建立 3～5 組高品質提示語模版

**3. 建立自己的 Prompt 工具包與作品集**

- 把常用任務整理成「提示語句庫」或「Prompt Template」
- 用 Notion／Google Docs 建立個人提示設計筆記本
- 錄製影片展示「提示詞→輸出結果」的範例，成為作品集素材
- 作品集建議：用 before/after 顯示微調結果，或展示不同平台的提示策略差異

### 4. 參與社群、挑戰與專案練習

- 加入 AI 創作者社群（如 Discord 的 Prompt Engineering 群組）
- 參加平台挑戰賽（如 Midjourney 提示語挑戰、OpenAI Hackathon）
- 主動幫助身邊人設計提示詞（如老師、同事、創作者），訓練「為別人設計」的能力
- 推薦平台：PromptHero、FlowGPT、PromptBase（可投稿、接案）

### 5. 關注倫理與產業應用趨勢

- 學會提示語的透明度與責任語氣（如「資料來源為……」「請勿編造……」）
- 了解產業最新需求：教育／客服／法律／行銷／醫療提示模組化方向
- 關注 AI 發展平台、白皮書與政府／機構規範（如 AI Act、OpenAI 開發者指導原則）
- 推薦關鍵詞：AI Governance、Responsible Prompt Design、LLM Risk Framework

## 14-3-3　總結 - 從使用者 → 設計師 → 專業者

你不必一開始就成為「提示詞大師」，但只要從明確溝通開始、願意持續觀察輸出與調整語句、建立屬於自己的提示邏輯與範本，你就已經走在成為下一代 AI 溝通設計師的路上。這不只是未來的工作，而是語言與邏輯的超能力。

Note

Note

Note